UNE MATHÉMATICIENNE AU JARDIN

Claire Lommé

Illustrations
Jasmine Colin-Navaï

Tana
éditions

Introduction

Le livre que vous tenez entre les mains est né d'une double passion : des mathématiques d'abord, qui nourrissent ma vie depuis l'enfance ; de la nature, ensuite, que j'ai longtemps espérée car j'ai vécu en immeuble jusqu'à l'âge adulte. C'est pourquoi, depuis que j'ai la chance d'avoir un jardin, j'y passe de longs moments d'exploration, de contemplation. Cela me laisse le temps de découvrir ou de redécouvrir mon coin de nature autant que mes si jolies mathématiques, qui toutes deux me fascinent et m'apaisent.

Ce livre ne fait bien sûr qu'entrevoir la richesse offerte par la nature à un regard mathématique et effleurer le bonheur qui se trouve à notre portée. Mais j'espère qu'il vous donnera envie d'explorer les coins de verdure autour de vous, en vous engageant plus avant dans la poésie des mathématiques. Un jardin est toujours différent selon la saison où l'on s'y promène, comme les mathématiques sont différentes selon le moment où on les découvre, où on les rencontre.

Ainsi j'ai choisi de vous présenter mon jardin et la plage en contrebas au fil des saisons, tandis que j'y laisse vagabonder mon esprit mathématique.

Je vous souhaite une belle lecture. Si vous me cherchez, je serai au jardin.

Sommaire

auto

mne

Pourquoi y a-t-il des saisons ?

Il fait doux, aujourd'hui encore. Trop doux. Le soleil est toujours bien présent, tout au long de la journée. Pas un nuage pour le masquer, ni même le voiler. Pourtant, il n'est plus celui de l'été, autoritaire et direct; il est rasant, éblouissant d'une façon différente de ces derniers mois. Derrière cette surprenante douceur, l'air peine à cacher l'humidité et la fraîcheur. Les arbres le savent déjà, comme suspendus entre un été qui s'est terminé et un automne qui tarde à s'affirmer. Les oiseaux sont moins bruyants.

En observant les rayons qui frôlent le dessus de la haie, qui passent au travers du feuillage lorsqu'il manque de densité, des images se forment dans mon esprit: celle de la Terre, dont l'axe de rotation est incliné de 23° environ (23°27', en fait). Mais incliné par rapport à quoi? J'imagine la Terre tournant autour du Soleil, décrivant chaque année une ellipse proche d'un cercle et qui détermine un plan: celui de l'écliptique. C'est par rapport à la perpendiculaire à ce plan qu'est incliné de 23° l'axe de rotation terrestre. La Terre, donc, qui tourne autour de son axe, et qui tourne autour du Soleil. La Terre, qui fait sa révolution. J'aime beaucoup ce mot, « révolution ». Je le trouve joli. Sa polysémie est intrigante d'ailleurs, surtout lorsqu'on sait qu'il est issu du mot latin *revolvere*, qui signifie «ramener en arrière». C'est vrai, la révolution de la Terre autour du Soleil la ramène à des positions déjà rencontrées. Mais pas en arrière. Quant aux révolutions politiques ou sociales, il ne me semble pas que leur but était de revenir en arrière. Je m'égare un peu, comme j'aime le faire dans ma tête.

J'ai mis un temps considérable à comprendre les saisons. Intuitivement, je pensais que plus le Soleil était proche de la Terre, plus il faisait chaud. Mais cette représentation naïve est facilement mise en échec: les saisons ne seraient pas organisées de la façon dont nous les vivons, si c'était le cas. La Terre est au plus proche du Soleil lorsque c'est l'hiver dans l'hémisphère Nord. Pourtant, si j'ai facilement saisi que mon intuition était fausse, il ne m'a pas suffi de lire, de voir, d'écouter des explications. Il m'a fallu intérioriser tout cela, me l'approprier. En le reformulant, en en discutant, en le dessinant. Je suis au clair, aujourd'hui: c'est l'été lorsque la durée d'ensoleillement est plus longue et que les rayons de notre étoile nous parviennent plus directement. Tout cela est dû à la fameuse inclinaison de l'axe de la Terre. Elle conditionne la durée du jour et de la nuit et, grâce à elle aujourd'hui les rayons du Soleil arrivent comme je les vois sur la haie: plus proches de mon horizontale quotidienne. J'avais fait l'expérience avec une lampe et un thermomètre de cuisson: avec la lampe au-dessus du thermomètre, la température monte bien davantage que si je la place plus bas. Comprendre est une opération mentale bien mystérieuse: il ne suffit pas de prendre connaissance d'une explication. Sans une appropriation personnelle, intime, les arguments s'évaporent et une certaine vision magique reprend le dessus, ou bien la résignation s'installe: c'est comme ça, c'est normal. Pourtant, cette image de la Terre qui tourne sur elle-même, qui tourne autour du Soleil, toute cette énergie diffusée mais répartie différemment selon les moments, c'est si beau, si incroyablement simple et parfait… Cela vaut bien de la magie. Et au moins, j'en connais le sens.

◐ En automne, les rayons du Soleil sont plus proches de l'horizontale qu'en été.

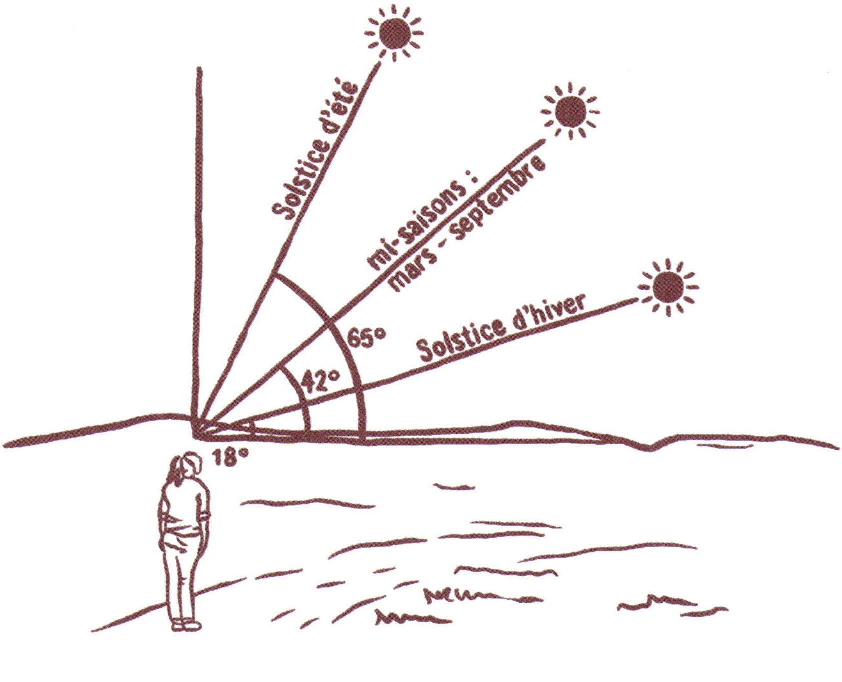

La rose de Fibonacci

Je sors. Le chien m'accompagne et sautille joyeusement. Je vois de longs poils blanc et abricot s'envoler au-dessus de lui à chaque bond. J'en récupérerai pour aménager les nichoirs à oiseaux dans le jardin. Roucky fourre son nez dans les herbes mouillées. Il doit repérer des odeurs indétectables par mon nez. Ma tasse de thé fumante à la main, je traverse la terrasse. Devant moi, le magnolia et un prunus. À gauche, au fond, le saule immense, entouré de ce qui persiste des fleurs de prairie de l'été. Un érable du Japon, plus près, et d'autres arbustes dont j'ignore le nom. Le potager tout en désordre, près des abris en bois. L'allée étroite, faite de pierres carrées entre lesquelles pointent vigoureusement des touffes d'herbe, mène vers le chemin qui descend jusqu'à la plage. La pelouse n'a pas été tondue depuis un long moment. Après un été aux températures plus raisonnables que les années précédentes, elle est éclatante et parsemée de grosses touffes faites de larges brins. Les mêmes brins avec lesquels, enfant, j'émettais des sifflements affreux en me promenant dans la nature, au risque parfois de me couper les lèvres. À ma droite, les pommiers et les poiriers plantés il y a un an sont couverts de fruits. Les pommes sont mûres, énormes, nombreuses, promesses de tartes et de crumbles à foison. De part et d'autre de ces arbres, les framboisiers portent encore des baies, bien plus tard que de coutume. Les groseilliers se reposent, eux, après avoir fourni leurs merveilleuses grappes rouge vif.

Je tourne au coin de la maison. Je longe un couloir de verdure, encadré par le mur de briques surmonté de tuiles orange qui ceint le jardin, et par le mur de la maison. Ici sont plantés les rosiers. Ils ne sont pas très grands, encore: il y a là peu de lumière et le vent s'engouffre perpétuellement à cet endroit. Pourtant, nous avons souvent des roses, robustes et tenaces. En voilà une, une belle rose rouge profond, qui a fleuri récemment.

Je me penche, je la touche. Elle est soyeuse. C'est curieux, une rose: elle symbolise une forme de distinction alors qu'elle est si robuste; elle est souvent associée à de la douceur, alors que ses épines sont sans pitié. Je m'approche encore. Je la respire, et je ne sens rien: au début de l'automne, je suis enrhumée, invariablement. Ces pétales enroulés en spirale sont organisés d'une façon qui semble simple. Mais l'effet donne une impression de complexité. J'ai lu quelque part que le nombre de pétales des roses était toujours un terme de la suite de Fibonacci. Je suis prudente avec ce type d'affirmation: mon regard sur le monde est naturellement mathématique, mais je sais que tout ne se ramène pas aux mathématiques. Tout de même, je dénombre les pétales. 21… 21 est un terme de la suite de Fibonacci. Cela ne prouve rien. Il me faudrait dénombrer les pétales de bien davantage de roses pour envisager de formuler une conjecture qui s'éloigne de la rumeur.

La suite de Fibonacci est une succession de nombres qu'on appelle les termes de la suite. C'est une suite qui se construit par récurrence, c'est-à-dire en faisant appel, pour le calcul d'un terme, à un ou plusieurs termes qui le précèdent. La suite de Fibonacci est définie par une récurrence double: il faut connaître deux termes pour calculer le terme suivant. Le principe est très simple: Fibonacci (le nom de scène de Léonard de Pise, mathématicien italien ayant vécu au XIIIe siècle) a posé que le premier terme vaut 0 et le deuxième 1. Il faut bien démarrer quelque part… Pour calculer le troisième terme, on additionne les deux premiers. On obtient à nouveau 1. On continue, et voilà la suite de Fibonacci qui débute:

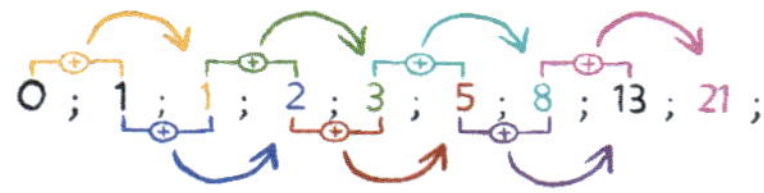

Elle ne fera jamais que débuter, cette suite: si elle a bien un début, elle n'a pas de fin. On comprend que ses termes augmentent, augmentent: ils tendent vers l'infini, dira le mathématicien. Ou la mathématicienne, bien sûr.

À l'origine, la suite de Fibonacci était censée modéliser la croissance d'une population de couples de lapins: on n'a pas de lapin (0), puis on a un couple de lapins (1). Un couple de lapins est considéré comme pouvant se reproduire au bout de deux mois, à raison de deux nouveaux lapins par mois. C'est évidemment assez explosif, à ce rythme. C'est aussi tout à fait théorique: ces lapins sont immortels et aucun problème de consanguinité ne semble les troubler. Mais peu importe: plus qu'une histoire de lapins, c'est à une légende que nous nous intéressons là: la suite de Fibonacci est illustre.

Mais pourquoi? Peut-être parce qu'elle est simple dans sa construction; peut-être aussi parce qu'elle est en lien avec le nombre, qui focalise l'attention de certains esprits de façon déraisonnable depuis l'Antiquité. Ici, on trouve le nombre d'or au fil d'une infinité de divisions: si vous divisez un terme de la suite de Fibonacci par le terme précédent, plus vous avancerez dans les termes successifs, plus vous vous rapprocherez de ce fameux nombre d'or. Il est censé se trouver dans de nombreuses œuvres: en peinture, en sculpture, en architecture. Ainsi, sur le visage de *La Joconde* de Léonard de Vinci, dans les proportions du Parthénon à Athènes, dans le fameux tableau de Botticelli, *La Naissance de Vénus*, ou encore dans des immeubles de Le Corbusier. On dit même trouver le nombre d'or dans la musique.

Parfois, c'est une décision explicite de l'artiste, mais ne s'agit-il pas le plus souvent de constructions intellectuelles, d'exagérations ou de mesures prises dans le but d'exhiber le nombre d'or? Ou d'une simple habitude adoptée par des artistes?

◐ J'ai lu quelque part que le nombre de pétales des roses était toujours un terme de la suite de Fibonacci.

Le nombre d'or est un nombre précis, mais impossible à exprimer sous forme de nombre décimal. On le note φ (la lettre grecque *phi*) et il est la solution de l'équation $x^2 - x - 1 = 0$. Quand on résout cette équation, on trouve deux solutions; l'une est négative, l'autre est positive, et c'est cette dernière qu'on note φ. φ vaut précisément $\frac{1+\sqrt{5}}{2}$. Ce nombre n'est pas un décimal car en écriture décimale ses décimales sont en nombre infini. C'est ce qu'on appelle un nombre irrationnel: φ ne peut pas s'exprimer sous forme de fraction, car une fraction comporte un entier au numérateur et un entier au dénominateur; ici, ce n'est pas le cas parce que $1+\sqrt{5}$ n'est pas entier et qu'on ne peut pas transformer cette écriture fractionnaire pour en faire une fraction. On est dans la même situation qu'avec le fameux nombre π. Or, si un nombre ne peut pas s'écrire sous forme de fraction, il ne peut pas être décimal. Alors on donne des valeurs approchées: φ n'est pas très loin de 1,6. Mais on perd alors la substance de φ, en le rapprochant ainsi du nombre décimal 1,6. Comment dès lors être sûr de retrouver dans des œuvres précisément $\frac{1+\sqrt{5}}{2}$?

En attendant, je n'en sais toujours pas plus sur ma rose: est-elle «fibonaccienne», finalement? Et pourquoi donc le serait-elle? Je vais creuser la question. Mon thé refroidit.

Archimède et la spirale de l'araignée

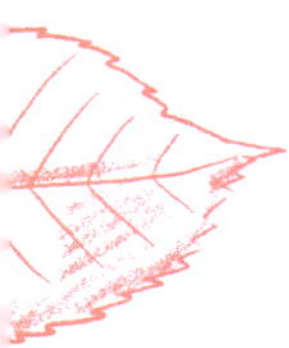

Voici la courte saison où les araignées tentent d'accaparer le jardin. Devant la trouée dans la haie qui sert de passage entre le jardin principal et le petit jardin, je suis bien ennuyée: une araignée a tissé une fort belle toile. Mais il me faut passer, pourtant, et je n'ai pas d'autre chemin. Je n'aime pas la proximité des araignées. Je les sais inoffensives et utiles. Je pourrais même les trouver belles, avec leurs longues pattes et leur corps parfois si rebondi. Mais dans la maison, elles me dérangent car elles me surprennent. Leur démarche et leur rapidité m'effraient malgré mes efforts pour cohabiter. J'essaie toujours tout de même de les faire sortir pour regagner le jardin où je leur reconnais une place. Justement, depuis quelques jours, c'est leur moment: les haies, les arbres et les arbustes sont couverts de toiles magnifiques, et leurs propriétaires ne se trouvent jamais bien loin. Toutes se ressemblent en cette saison; on m'a dit que ce sont des épeires, on m'a aussi dit que ce sont des araignées porte-croix. Je ne me suis pas approchée suffisamment pour trouver la croix… Ce sont des araignées orbitèles: elles tissent des toiles faites de cercles concentriques. J'admire leur persévérance pour, de nouveau, tisser une toile lorsque le vent a détruit la précédente… ou que j'ai dû l'abîmer pour rejoindre le petit jardin par l'arche de verdure que ces petits animaux semblent aimer autant que moi. Car je sais que lorsque je ressortirai, l'araignée aura déjà réinvesti la place, avec une célérité qui me laisse admirative.

J'admire aussi son travail d'artisan géomètre: les toiles sont magnifiques. On y décèle, avec un peu d'attention, les

éléments d'un programme de construction. Et mes yeux de mathématicienne y voient des configurations familières: des cercles concentriques, évidemment, mais aussi des polygones, des triangles semblables. Je lis des homothéties, je pense au théorème de Thalès. Je vois des réductions et des agrandissements fort concrets. Je pourrais imaginer des trapèzes et lire des surfaces. En changeant de perspective, je me concentre sur les angles formés de-ci, de-là. Si je force mon regard à accéder à l'élémentaire, à décomposer, je me défais des constructions scolaires que j'enseigne à l'école et je reviens à des demi-droites, dont l'origine est le centre de la toile, des segments transversaux, des parallèles. Les demi-droites et les segments se croisent, matérialisant des points d'intersection régulièrement répartis le long des fils qui concourent au centre. Je me demande comment l'araignée décide des distances, des longueurs, des points de repère.

◐ Cercles concentriques, polygones et triangles semblables: beau travail de géomètre!

Mais comment s'y prend-elle, d'ailleurs? Si j'imagine le programme de construction une fois les «fils au centre» posés, comment l'araignée parvient-elle à bâtir son échafaudage, suspendue ainsi et livrée au vent? Il faut du temps et un bon manteau pour avoir la chance d'observer une araignée au début de sa toile. Par chance, ces temps-ci, c'est plus simple, tant elles sont nombreuses dans mon jardin.

Mon araignée a déjà mystérieusement avancé lorsque je la trouve: elle a réussi à tendre un fil horizontal entre deux branches. S'est-elle aidée du vent? Elle a ensuite formé un triangle, qui me paraît bien isocèle. Son sommet principal, là où se rejoignent les deux côtés égaux du triangle, est le centre de la toile. L'araignée se laisse descendre à la verticale. Elle attache son fil plus bas; j'ai cru qu'elle formait trois angles égaux au centre, chacun formant un tiers de 360°. Mais non: l'angle formé vers le ciel est plus petit que les deux autres. Puis l'araignée relie les sommets principaux, ce qui forme des triangles. Elle tire des hauteurs, issues du centre de la toile, abaissées sur ses bords. Elle a sa structure, mais sans doute n'est-elle pas assez solide, car elle produit de nouveaux fils, qui parfois semblent être de parfaites bissectrices, et parfois s'adaptent avant tout à l'environnement naturel qu'elle a choisi, à la forme des branches. Et puis elle revient au centre et spirale, spirale, spirale encore, en décalant ses passages successifs. C'est un objet mathématique complexe et riche, la spirale. Celle-ci est-elle une spirale logarithmique ou une spirale parabolique? Est-ce Bernoulli, Théodore ou Fermat qui inspire mon araignée? Il me semble que l'œuvre obtenue est plus proche de la spirale d'Archimède. Mais le fil suit le plus court chemin entre deux attaches; la spirale n'en est pas vraiment une, car la courbe est une succession de segments.

Je laisse mon araignée se reposer, après tout ce travail. Sa toile est superbe et j'en viens à espérer qu'elle soit bien placée et capture les proies nécessaires à sa survie. Les jours suivants, j'irai lui rendre visite, régulièrement. Même une fois l'araignée disparue, la toile résistera encore, jusqu'à ce que le vent et la pluie l'emportent finalement.

◐ La spirale n'en est pas vraiment une, car la courbe est une succession de segments.

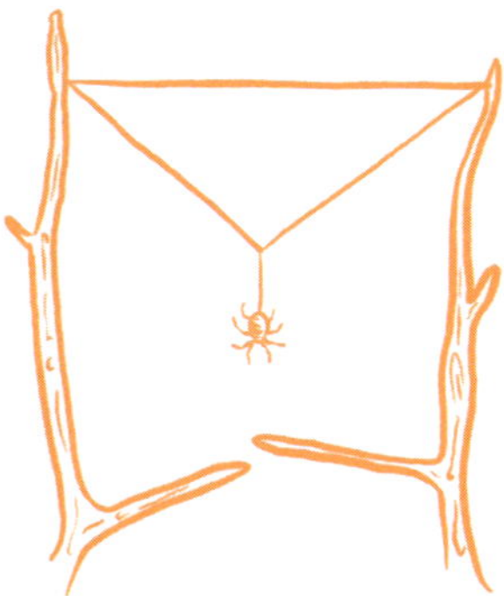

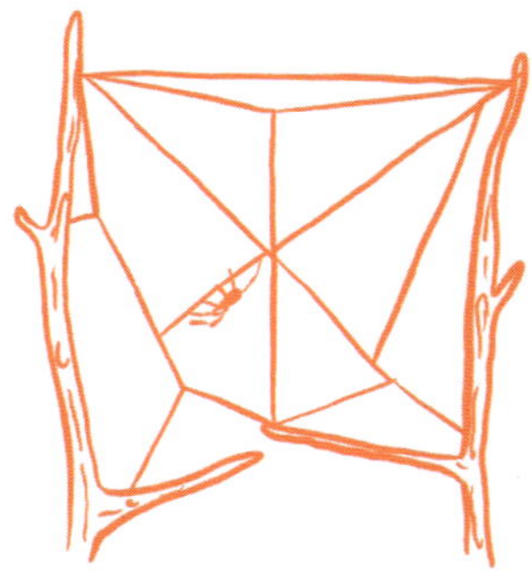

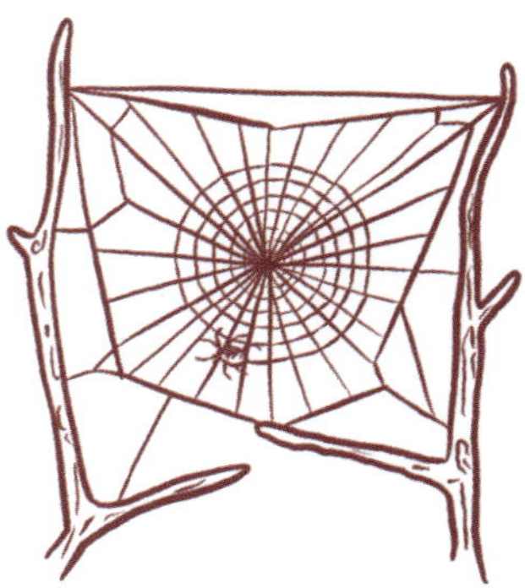

La géométrie du saule

Dix jours ont passé, marqués par un changement radical de temps. La douceur a laissé place à une fraîcheur humide, mais surtout, cet automne, à de terribles tempêtes. Ici et là, elles provoquent des dégâts considérables et de graves difficultés pour les habitants des zones touchées. Chez moi, si une tempête nous a particulièrement secoués, nous n'avons rien eu à déplorer de grave. Je peux donc profiter du luxe d'observer le vent dans le jardin. D'un doux souffle à la bourrasque la plus violente, le vent change de comportement de façon inattendue. J'essaie de prévoir le prochain coup de vent brutal, attentive aux frémissements des feuilles et des petites branches, mais sans succès. La logique du vent m'échappe. Il demeure imprévisible. Je patiente; les arbres ondulent sans excès. J'envisage d'abandonner mon observation, appelée par mes mille projets. Là, le vent décide de se déchaîner, d'un coup. Les feuilles se tendent, certaines cèdent. Le vent persiste dans sa violence, soulève les rameaux, puis les branches. Elles indiquent toutes la même direction, dans un bel effort de parallélisme. Moi, je vois des vecteurs.

On peut définir de différentes façons un vecteur. Je vais choisir une manière que je trouve accessible et imagée pour le donner à envisager dans notre tempétueux contexte: un vecteur est caractérisé par une direction, un sens et une longueur. Regardons ensemble mon saule subir les assauts du vent. Les longues branches flexibles se soulèvent et se meuvent de sorte qu'elles sont presque parallèles les unes aux autres. Les feuilles se placent, elles aussi, dans cette direction, qu'on pourrait définir par une collection infinie de droites parallèles. Elles s'alignent par groupe ou s'envolent en respectant un moment la direction de la droite imaginaire tracée par le vent.

◐ Les longues branches flexibles se soulèvent et se meuvent de sorte qu'elles sont presque parallèles les unes aux autres.

Mais ce n'est pas tout: les extrémités des branches et des feuilles se placent dans le même sens. Car sens n'est pas direction: pour une direction, deux sens sont possibles.

Et puis il y a la longueur du vecteur, qu'on appelait sa «norme» quand j'ai appris les vecteurs au collège. Un vecteur peut être plus ou moins long. Je l'associe, avec mon saule, à la force et à la durée des bourrasques. C'est plus délicat, mais il me semble possible de définir la longueur de mes vecteurs vent par la force du souffle.

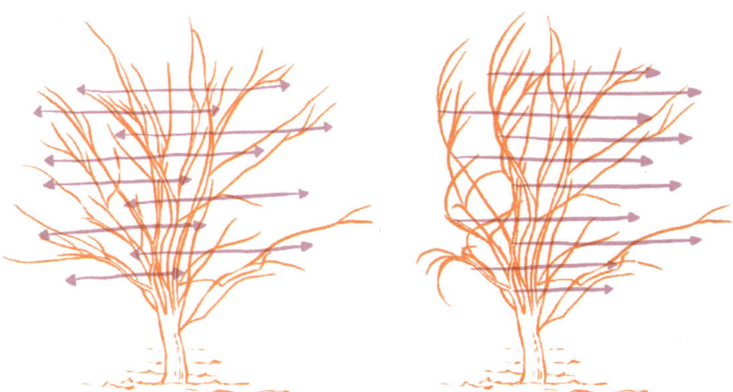

◐ Quand le vent souffle, je vois des vecteurs. Ils dessinent des routes aériennes, tourbillonnent les uns à la suite des autres.

On peut ainsi, à un moment donné, associer à chaque endroit d'une région son vecteur vent. Cela fournit un champ de vecteurs, expression qui me semble très poétique, au confluent du lexique de la nature et de celui des mathématiques. Cela donne ce genre de représentation:

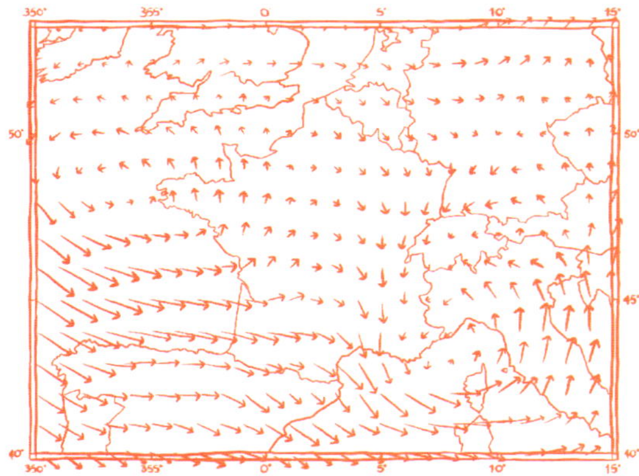

Alors voilà, quand le vent souffle, je vois des vecteurs. Ils dessinent des routes aériennes, tourbillonnent les uns à la suite des autres. Parfois, d'ailleurs, la tempête réalise des translations sur les sièges de jardin, qu'on retrouve dans la même position, mais quelques mètres plus loin, sur la terrasse. Car c'est une des utilités des vecteurs, que de translater des objets, concrets ou imaginés. Mais quand le vent souffle, je vois aussi simplement des arbres, et je me délecte de la musique de ces écoulements d'air intempestifs.

Toutes les mathématiques dans une feuille

Alors que je pénètre dans le jardin, chargée de pain pour les petits-déjeuners familiaux, je ressens une vive agitation intérieure en voyant les feuilles tournoyer autour de ce qui était encore leur arbre, il y a moins d'une minute, avant de se poser au sol, bien plus loin. Les couleurs sont incroyables. Quelle intensité, aussi bien dans les rouges, que dans les jaunes et les verts! Quelle belle nature, même au moment où elle se prépare au sommeil en se débarrassant de tout ce que nous avons admiré pendant plusieurs mois! Ces couleurs virevoltantes me rappellent le travail d'un artiste. Quel est son nom, déjà? Ah oui! James Brunt. Il réalise des œuvres qui me fascinent, magnifiques, poétiques, qui combinent nature et géométrie. Je me souviens très clairement de l'une d'elles, que j'ai découverte il y a plusieurs années. Je ne me rappelle plus son titre, mais elle m'avait frappée: des feuilles automnales pas encore rabougries ni desséchées sur elles-mêmes, que la vie emplissait encore de sève il y a peu, formaient un dégradé de couleurs, de l'auburn au vert foncé, en couronnes concentriques. Tout autour demeuraient des feuilles mortes, vraiment mortes, et dans des teintes de brun roux. Sur d'autres œuvres, des feuilles forment des rectangles ou des spirales, ou bien sont agencées par l'artiste pour donner à imaginer une forme en trois dimensions, comme une boule ou des cubes. Ces jeux de perspective sont incroyablement bien faits, et les éléments de la nature qu'utilise James Brunt s'accordent parfaitement. J'aimerais

◐ Couronnes concentriques de feuilles d'automne.

le voir penser une œuvre: part-il de ce qu'il trouve et qui l'inspire, ou a-t-il un plan en tête, une intention originale qui l'amène à collecter les matériaux exacts qu'elle requiert? Combien de temps passe-t-il le nez au sol, à dénicher la feuille idéale? Et comment travaille-t-il? Utilise-t-il une corde pour tracer des cercles, se promène-t-il comme moi, avec un mètre ruban et une équerre dans son sac? A-t-il rencontré les mathématiques de façon explicite, ou y a-t-il recours de façon naturelle? À mes yeux, il est clairement un mathématicien: il crée des mathématiques, faites de feuilles et de brindilles, de cailloux, parfois d'objets du quotidien. Il me faut aller ranger les pains dans la huche, puis préparer un crumble au potiron et au parmesan. Mais j'aimerais m'essayer à de tels exercices, même si je n'ai pas le talent de James Brunt.

L'automne a encore avancé. Cette fois, le froid est plus présent. Comme tous les automnes en Normandie, il pleut, beaucoup. J'ai même retrouvé quelquefois le pare-brise gelé, de façon finalement précoce. Je passe du temps à regarder le jardin: il est en période de transformation et ces changements quotidiens me fascinent. Par le passé, j'adorais l'automne pour la dégringolade qu'il représentait à mes yeux. J'avais grandi en appartement et il s'invitait de façon tellement théâtrale que je ne pouvais pas l'ignorer. L'été se manifestait

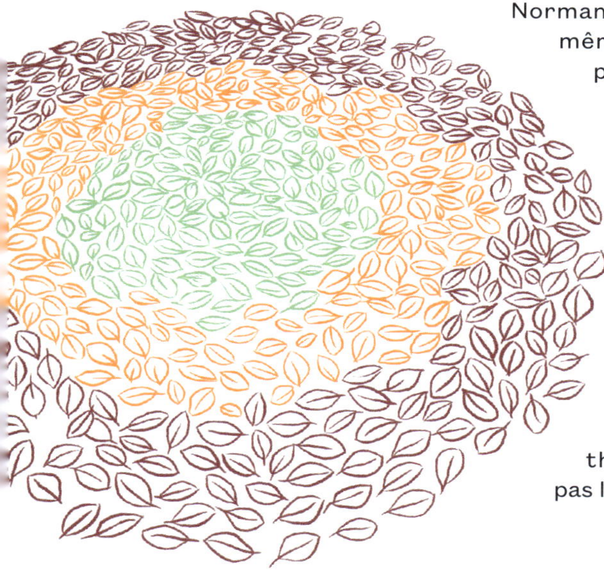

par la possibilité de rester sur la plage agréablement, l'hiver par la neige, et le printemps me semblait discret. Les couleurs et les tourbillons de feuilles de l'automne marquaient en même temps une fin et la promesse d'un renouveau. Aujourd'hui, l'automne est pour moi une étape magnifique, mais au même titre que les autres moments de l'année: chaque jour qui passe, je peux suivre la vie des végétaux et observer les petites bêtes. Je comprends mieux la fluidité de cet écoulement du temps: je n'envisage plus l'automne comme une cassure, mais dans la continuité. Cela m'évoque les fonctions: mes mathématiques peuvent décrire tout mon univers.

◐ La fonction carrée est continue. Son graphe est une parabole.

Une fonction peut être continue, ou discontinue. Une fonction (je me limite aux fonctions numériques ici, sans quoi nous allons partir trop loin), c'est un procédé qui permet de transformer un nombre en un autre. Par exemple, la «fonction carrée» consiste à élever un nombre au carré, c'est-à-dire à le multiplier par lui-même. La «fonction carrée» transforme 3 en 3 × 3 = 9, elle transforme 10 en 100 ou encore 0,2 en 0,04 (Car oui, multiplier peut «rendre plus petit», même si c'est peu intuitif.). On peut la représenter par une courbe, et parler du graphe de la fonction. Sur un axe horizontal, on représente les nombres qui vont passer à la moulinette de la fonction. Sur un axe vertical (pour faire simple), on se repère pour placer le point correspondant. Et on continue ainsi.

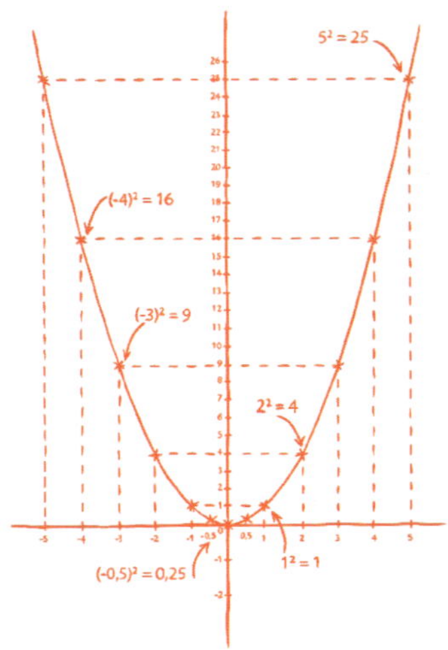

◐ La continuité se pense aussi autrement que par le geste ou le regard. Sa définition m'a semblé tellement belle, lorsque je l'ai découverte, au lycée…

Parfois, ces points forment une courbe dont on comprend qu'on peut la tracer sans lever le crayon. C'est le cas de la «fonction carrée»: quel que soit le nombre que je choisis, je peux en calculer le carré. Il n'existe aucun contre-exemple à cela: le carré de 0 est 0, les nombres décimaux, rationnels ou irrationnels admettent aussi un carré. Cette fonction est donc continue.

Mais parfois, ce n'est pas le cas. Un graphe de fonction discontinue peut ressembler à ceci, par exemple:

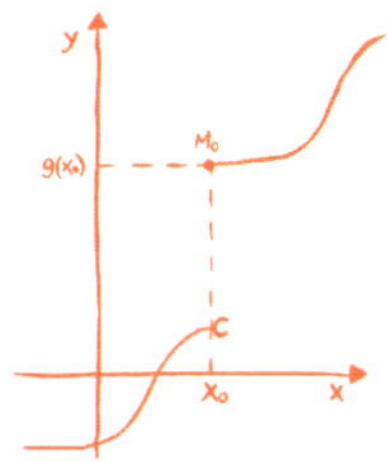

En fait, cela va bien au-delà d'un constat en traçant une courbe ou en l'examinant: la continuité se pense aussi autrement que par le geste ou le regard. Sa définition m'a semblé tellement belle, lorsque je l'ai découverte, au lycée… Écrite de façon symbolique, elle se formule ainsi:

$$\forall \varepsilon>0,\ \exists \delta>0,\ \forall x \in I,\ |x-a|<\delta \Rightarrow |f(x)-f(a)|<\varepsilon$$

Lorsque mon professeur avait écrit cette phrase au tableau, en ayant veillé bien en amont à nous donner les codes sémiologiques nécessaires, je l'avais trouvée merveilleuse de simplicité et d'élégance. Son aspect international m'avait également frappée: d'où qu'on vienne, on peut échanger sur les mathématiques par le biais de ces symboles. Elle me semble aussi naturelle qu'une feuille qui s'envole.

Ma représentation des saisons, en tout cas du passage à l'automne, est ainsi devenue continue alors qu'elle était discontinue. Mon temps s'écoule sans accroc, sans les décrochages que marque la discontinuité.

Une des caractéristiques les plus évidentes de l'automne, c'est la variation des couleurs des feuilles, suivie de près par leur chute, pour une bonne partie des arbres qui m'entourent. J'ai passé un temps considérable à scruter mes arbres. À force de les contempler, chacun avec sa façon propre de résister au vent, je me suis demandé combien de feuilles porte notre grand saule, ou le grand noisetier à l'avant du jardin, ou encore le magnolia, devenu déjà si haut et touffu en quelques années. Car si le saule ondule, que le noisetier plie légèrement et que le magnolia s'agite en demeurant invariablement vertical, les tempêtes ont dévêtu les arbres de leurs feuilles presque d'un coup. Or, il faudra ramasser ces feuilles, et la tâche semble, *a priori*, d'envergure. Mais après tout, me disais-je, une feuille, ce n'est pas grand-chose. Peut-être que cela me semble une corvée parce qu'à la répétition du mouvement s'ajoutent les conditions climatiques, peu favorables en automne?

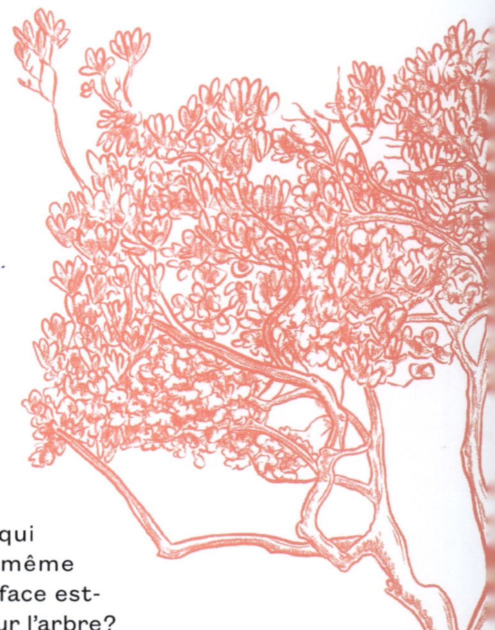

Différentes questions se posent: comment estimer le nombre de feuilles d'un arbre? Quelle est la masse d'une feuille, si on veut peser l'ensemble? Ou encore, quelle est la surface d'une feuille? Les feuilles qui viennent de tomber n'ont plus la même vigueur, alors leur masse ou leur surface est-elle la même que lorsqu'elles étaient sur l'arbre?

◐ Le nombre de feuilles d'un arbre semble suivre un modèle plus exponentiel que linéaire.

Je n'ai pas trouvé d'emblée de moyen satisfaisant pour estimer le nombre de feuilles de ces arbres. J'ai envisagé de dénombrer leurs branches, mais ils en possèdent trop, et toutes ne portent manifestement pas le même nombre de feuilles. Je ne peux pas m'inspirer des petits pommiers le long du mur d'enceinte du jardin: il n'y a pas proportionnalité. Le nombre de feuilles semble suivre un principe plus exponentiel que linéaire. J'ai songé à découper (de façon imaginaire, bien sûr) l'arbre en échantillons et m'intéresser à un de ces échantillons de branches feuillues. Là encore, cela ne m'a pas satisfaite: les branches, selon leur place sur l'arbre, leur exposition, l'encombrement des branches voisines, n'ont pas la même taille et ne portent pas le même nombre de feuilles.

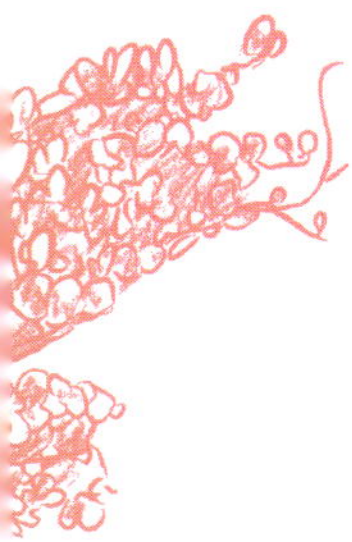

Alors j'ai cherché, dans des ouvrages et des sites qui décrivent les feuilles des arbres. Finalement, j'ai trouvé un renseignement sur Wikipédia, que je n'ai pas pu corroborer par d'autres sources. Il me permet de réfléchir, mais c'est une conjecture, que j'utilise comme telle. Toutefois, Wikipédia n'évoque ni le nombre moyen de feuilles d'un saule, ni celui d'un noisetier, ni celui d'un magnolia. L'auteur de l'article nous apprend que les pommiers peuvent porter 50 000 à 100 000 feuilles, les bouleaux en moyenne 200 000, les chênes jusqu'à 700 000. Cela fournit un ordre de grandeur.

Je ne pouvais pas me résoudre à abandonner. J'ai choisi le magnolia, car c'est l'arbre le plus petit des trois qui m'intéressent. J'ai considéré qu'il avait déjà perdu un tiers de ses feuilles, et j'ai réfléchi. J'ai décidé de revenir à la méthode de l'échantillon: j'ai décomposé mentalement l'arbre en grosses branches, elles-mêmes porteuses de branches moyennes, dont j'estimerai le nombre de feuilles. Une branche isolée m'a paru convenir: pas trop grosse ni feuillue, mais tout de même de taille moyenne. Elle portait 68 feuilles, que j'ai comptées une par une. J'ai ensuite considéré une

◐ Échantillon de magnolia pour étude statistique à la démarche peu scientifique.

grosse branche, qui m'apparaissait comme représentative. Elle portait 15 branches moyennes. Puis j'ai tenté de dénombrer tant bien que mal le nombre de grosses branches. Le magnolia est haut: j'en ai compté une quarantaine.

Il me restait à effectuer $68 \times 15 \times 40$. J'ai arrondi à $70 \times 15 \times 40$, d'autant que j'ai sans doute été un peu en dessous de la réalité: j'ai négligé les toutes petites branches.

$70 \times 15 \times 40$, par les propriétés de la multiplication, c'est aussi $7 \times 15 \times 2 \times 2 \times 10 \times 10$, soit $7 \times 30 \times 2 \times 100$, ce qui est égal à $210 \times 2 \times 100 = 420 \times 100 = 42\,000$.

Il me fallait encore ajouter les feuilles tombées. Si un tiers du nombre total de feuilles est tombé, c'est que le nombre 42 000 correspond aux deux tiers du total. $42 \div 2 = 21$, ce qui signifie qu'un tiers du total correspond à 21 000 feuilles, et le fameux total, le triple; soit 63 000 feuilles.

Bon, 63 000 feuilles. En comparaison des références trouvées sur Wikipédia, c'est plausible. Peut-être un botaniste ou un amoureux des magnolias me dirait-il que c'est évidemment faux. Mais moi, j'avais une question, un problème, et je lui ai apporté une conjecture, une réponse acceptable pour mon cerveau. Tout de suite, je me suis sentie mieux; pourtant, au fond, peu m'importe combien cet arbre compte de feuilles. Mais une fois que la question est née, impossible de faire taire son chuchotis: je le sais, il me

◐ Érable obstiné du Japon.

suivra partout, tout le temps. Obtenir un résultat potentiellement éloigné de la réalité ne me gêne pas, car je suis lucide sur le sujet. L'important est d'avoir trouvé un chemin qui me permet d'avancer.

Mais alors, la masse de feuilles tombées, quelle est-elle? J'ai choisi deux feuilles de tailles différentes: une petite, plus légère, et une grande, plus lourde. J'ai fait une moyenne: (3 g + 7g) ÷ 2 = 5 g. Il ne restait qu'à multiplier. En grammes, cela donne 63 000 × 5. Mais en kilogrammes, c'est plus léger à calculer: on ramène à 63 × 5, soit la moitié de 63 × 10. Les feuilles tombées pèsent ainsi 315 kg! Je me demande si ce résultat est correct, acceptable ou s'il ferait de nouveau bondir un botaniste... Mais comme j'ai mené mon raisonnement jusqu'au bout, je suis satisfaite. 315 kg... C'est énorme! C'est décidé, je reste au chaud.

Quelques jours plus tard, je me suis penchée sur les petits arbres du jardin: l'immense saule, le majestueux magnolia et l'envahissant noisetier avaient reçu mon attention, et les arbres plus modestes bien moins, ces derniers temps. L'érable du Japon m'a attirée aussitôt: sa couleur rouge est encore plus vive en automne, juste avant la chute de ses feuilles. Celle-ci interviendra sans doute de façon imminente.

J'aime beaucoup cet arbre: il a commencé sa vie en pot, offert à un de nos enfants. Il a bataillé un moment, puis a décliné. Nous l'avons mis en pleine terre, mais l'endroit ne lui plaisait pas. Alors nous l'avons déplacé en fonction de ses caractéristiques, et il grandit, lentement mais sûrement. C'est un arbre obstiné, ce que je respecte. Ses feuilles sont magnifiques, par leur couleur mais aussi par leur forme. J'en ai isolé une, en la laissant sur l'arbre avant sa chute, pour l'étudier.

Cette feuille paraît simple et régulière. Pourtant, la décrire n'est pas si facile. Comment m'y prendrais-je, si je voulais dessiner un modèle de cette feuille? Il me faudrait avoir un programme de construction en tête, être en mesure de décrire la feuille en dégageant des éléments caractéristiques. Pour commencer, je dois décider comment je regarderais cette feuille d'érable: on peut se construire une image mentale de différentes façons, en observant notre feuille. On peut y voir une surface. La vision des surfaces est celle qui est privilégiée par les enfants, mais elle est aussi la plus populaire dès lors que l'objet observé est coloré. On peut aussi y voir des lignes: les «côtés» de la figure, qui sont les limites de la feuille, mais aussi des lignes qui organisent la feuille, comme ses nervures principales. La nervure centrale semble constituer un bel axe de symétrie, ce qui simplifie la description. Et puis il y a des points à observer: les sommets de la figure, l'intersection des nervures principales. L'idéal est de parvenir à passer d'une vision à une autre. Pas si simple, mais essentiel pour comprendre une figure... ou une feuille d'arbre. C'est comme tout, comme tout le monde: un regard ne suffit pas. Si l'on veut vraiment comprendre, il faut chercher à changer de perspective, même si (peut-être surtout si) ce n'est pas notre perspective favorite ou familière.

Je suis allée me mettre au chaud et au sec, et j'ai utilisé un logiciel de géométrie pour mieux comprendre ma feuille. J'ai placé les points qui me semblaient cruciaux. La nervure centrale semble bien constituer un axe de symétrie: les distances des sommets de la feuille qui se correspondent de

◐ Cette feuille paraît simple et régulière. Pourtant, la décrire n'est pas si facile.

part et d'autre de la nervure centrale semblent approximativement égales.

Cette jolie feuille, abandonnée par l'arbre au prétexte de l'automne, perd-elle de la poésie à être modélisée? Mais non! Pourquoi serait-ce le cas? Elle demeure unique, magnifique et mathématique.

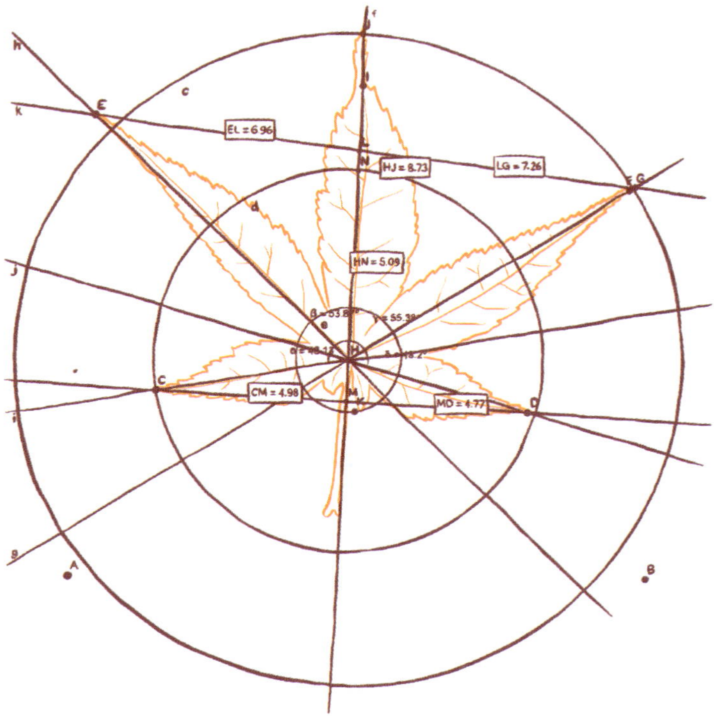

La pomme d'or

Nous sommes en décembre. La végétation du jardin semble endormie. Le saule est nu, toujours majestueux, mais un peu effrayant, avec ses longues et souples branches qui s'agitent de concert au moindre souffle de vent. Le magnolia a perdu toutes ses feuilles: plus de problème de dénombrement! Les pommiers et les poiriers conservent quelques feuilles esseulées, mais sont entrés en sommeil. Les framboisiers sont peu visibles, et il est difficile de déterminer, comme chaque année, s'ils reprendront ou si leur vie s'arrête là. Le potager est maintenant presque vide: seuls l'oseille, la rhubarbe, le laurier et la sauge sont encore vaillants.

En traversant le jardin pour aller travailler, j'ai trouvé deux pommes de pin. Elles ne viennent pas de nos arbres, car nous n'avons pas de conifère. Mais de très grands conifères, tout proches, peuplent le quartier. Comment ces deux pommes de pin se sont-elles exactement retrouvées là, côte à côte? Je l'ignore. J'aime imaginer qu'une petite bête les a amenées: un écureuil, peut-être? Mais c'est probablement davantage un enfant qui aura joué avec, avant de les lancer. Elles ne se ressemblent vraiment pas: l'une est sans doute issue d'un pin et l'autre d'un épicéa. Je pars au travail en les laissant sur le banc de pierre du fond du jardin. À mon retour, j'ai oublié ma petite découverte matinale. Je les retrouve et fais tourner ces fruits dans ma main. Comme ils sont différents! Mais il fait froid, un froid qui me transperce en cette fin de journée, la fatigue aidant. Je traverse le jardin, en veillant à ne pas glisser sur les pierres de l'allée, toutes recouvertes de feuilles mortes humides, mes affaires à l'épaule, mon sac à déjeuner dans une main, serrant les pommes de pin dans l'autre. La tiédeur réconfortante de

◐ En traversant
le jardin pour aller
travailler, j'ai trouvé
deux pommes
de pin.

mon foyer m'enveloppe dès que j'ouvre la porte. Je peux me délester et poser mes deux trésors.

Le premier aspect qui m'intéresse dans ces pommes de pin, c'est qu'elles sont visuellement très éloignées. Pourtant il s'agit de deux objets de même nature. En les voyant, on identifie des pommes de pin, alors que leur apparence est bien différente. En mathématiques, la compétence consistant à «modéliser» vise justement cela: construire des catégories, créer des liens, trouver à quel modèle se rapporter, même si ce que l'on a devant soit ne semble pas *a priori* de même nature. Pour ces pommes de pin, on peut définir plusieurs propriétés relatives à leur apparence, à ce stade de leur évolution:

- la pomme de pin est de forme conique;
- la pomme de pin regroupe des écailles;
- la pomme de pin est de couleur plutôt marron;
- les écailles forment des spirales.

Toutes les pommes de pin répondent-elles à ces contraintes? Et existe-t-il d'autres objets que les pommes de pin qui les valident? Autrement dit, ces deux exemples sont-ils représentatifs, suffisants, et existe-t-il des contre-exemples? Il faudrait que je multiplie mes rencontres avec des pommes de pin pour pouvoir esquisser une conjecture qui me rapproche d'une réponse.

J'abandonne ma modélisation naissante des pommes de pin, car une autre question me taraude: j'ai souvent entendu dire que les pommes de pin étaient elles aussi liées à la suite de Fibonacci et au nombre d'or. Comme pour la rose que nous avons examinée ensemble, je suis très méfiante: je vois des mathématiques partout, certes, mais davantage dans l'évocation, dans l'imaginaire, que dans l'application. Alors j'observe mes deux pommes de pin.

J'étudie avec attention la pomme de pin la plus grande. C'est celle dont je pense qu'elle vient d'un épicéa. Elle

◐ J'ai souvent entendu dire que les pommes de pin étaient elles aussi liées à la suite de Fibonacci et au nombre d'or.

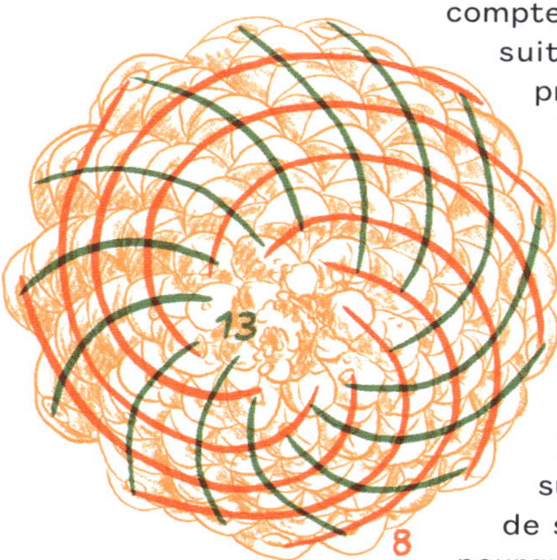

compte 8 spirales. 8 est bien un terme de la suite de Fibonacci. Rappelez-vous: les premiers termes sont, dans l'ordre: 0; 1; 1; 2; 3; 5; 8; 13; 21. Bon, très bien, 8 spirales, cela fonctionne. Et si je dénombre les spirales qui partent dans «l'autre sens»? 5 spirales. Passons à l'autre pomme de pin: j'ai compté 13 spirales dans un sens. Et dans l'autre sens? J'arrive à 8. Mmmmh, voilà qui est amusant. En soi, je n'ai rien contre le fait que la suite de Fibonacci modélise le nombre de spirales d'une pomme de pin. Mais pourquoi serait-ce le cas?

Un article du laboratoire de mathématiques Raphaël Salem (CNRS – Université de Rouen) en donne une explication. Elle est assez stupéfiante, en réalité. Car il est bien question de la suite de Fibonacci, du fabuleux nombre π... et du nombre d'or. À force de me méfier de la nombre-d'or-mania, peut-être ai-je manqué d'objectivité. Tout d'abord, l'article relève que le phénomène se produit trop souvent, sur les pommes de pin, mais aussi sur les tournesols, pour qu'on puisse penser qu'il est le fruit du hasard. Cela fait longtemps que ces observations ont été réalisées et interrogées, au travers de la phyllotaxie, qui s'intéresse aux nombres de feuilles sur une tige, et par extension à l'ordonnancement des fleurs. Le mot «phyllotaxie» désigne aussi les schémas suivis eux-mêmes. Voilà une science qui me plaît beaucoup... Mais je dois me concentrer sur mes pommes de pin. Leurs spirales sont constituées d'écailles. Sur chaque pomme de pin, ces écailles poussent en formant un angle constant avec l'écaille précédente. On l'appelle l'angle de divergence, et il est lié à une fraction, elle-même appelée l'indice phyllotaxique:

$$\text{indice phyllotaxique} = \frac{\text{nombre de tours nécessaires pour trouver 2 écailles alignées avec le centre}}{\text{nombre d'écailles séparant 2 écailles situées l'une au dessus de l'autre} + 1}$$

L'indice phyllotaxique correspond à la fraction de tour complet qui sépare deux écailles. Par exemple, si l'indice phyllotaxique était de 1/9, chaque écaille serait séparée d'un neuvième de tour complet de la suivante, soit 1/9 de 360°, ce qui donnerait, dans ce cas, 40°. Et, au fur et à mesure, les écailles s'éloignent du centre, pour ne pas se superposer: l'enjeu est de libérer le plus grand nombre possible de graines fécondées. C'est d'ailleurs bien pour cette raison que mes deux pommes de pin ne portent plus aucune graine: elles ont accompli leur office, avant de se retrouver mystérieusement dans mon jardin. Mais justement, puisqu'il est vital d'avoir le plus grand nombre de graines à disperser, il faut aussi avoir le plus grand nombre possible d'écailles, eu égard à la taille de la pomme de pin. Cette optimisation naturelle conduit à retrouver π, le nombre d'or et un nombre de spirales, dans un sens et dans l'autre, qui s'exprime selon deux termes consécutifs de la suite de Fibonacci.

Je contemple mes deux pommes de pin. Ces spirales d'écailles suivent donc une logique nécessaire à la vie de leur espèce, mélange d'angles et de fractions, de tailles d'écaille et de nombre de tours qui les éloignent du centre de la pomme de pin. Qui donc a amené là ces deux objets aussi naturels que mathématiques? J'aimerais le remercier pour cette belle découverte. Mais pour l'heure, il est temps de préparer le dîner.

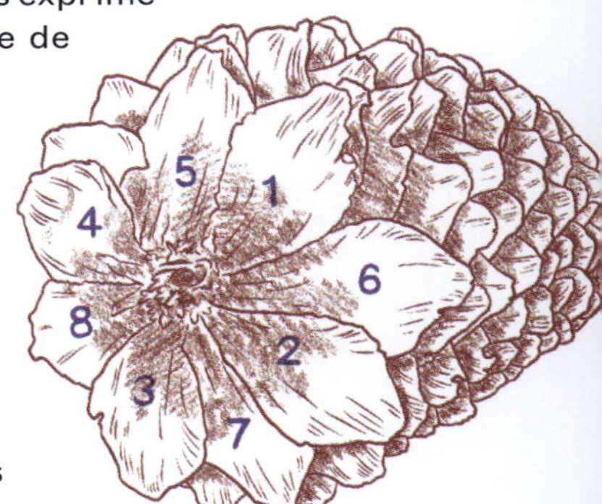

Marée d'automne

Le vent souffle fort. Les arbres ploient, les feuilles volent et la maison, stoïque, ne peut réprimer des craquements. C'est la tempête, une de ces tempêtes qu'on baptise d'un prénom. Elle est importante, mais pas violente: l'alerte ne fait pas craindre de dégâts. Ce sont les mathématiques qui permettent de calculer la dangerosité des tempêtes.

Différents modes de calcul existent, à partir de la vitesse maximale des rafales de vent, de la durée de la tempête, de la surface des régions touchées par des bourrasques de vitesses données. Chacun a ses avantages et ses inconvénients et est associé à une échelle qui permet de conclure quant à la qualification de la tempête. Mais les différentes formules que j'ai croisées ont un point commun: la vitesse du vent y est élevée au cube. C'est-à-dire qu'on utilise vitesse du vent × vitesse du vent × vitesse du vent. Cela aide à comprendre l'importance du vent dans les tempêtes. Je sais cette importance, mais son poids mathématique me la rend plus concrète. C'est curieux, car je me souviens qu'un des indices de tempêtes obtenu par une formule mathématique est exprimé dans une unité étrange, en $m^5 \times s^{-2}$, c'est-à-dire en mètres à la puissance 5 par secondes au carré. Se représenter des mètres, des mètres carrés ou des mètres cubes est possible, mais ensuite... Diviser par des secondes au carré m'évoque l'accélération, mais ici c'est encore autre chose... On doit obtenir de très grands nombres, qu'on représente en notation scientifique pour permettre à nos cerveaux de s'y retrouver: on est perdu devant 10 000 000 000 000 000, mais on accepte 10^{16}. Une telle écriture est plus aisée à appréhender et facilite les comparaisons. Elle se manipule sans fatigue, sans avoir besoin de se livrer à un repérage visuel épuisant. Pourquoi dit-on que les mathématiques compliquent les choses, alors qu'elles cherchent sans relâche à résoudre les problèmes?

C'est en tout cas le moment d'aller voir la mer. Pas à partir de la plage: ce serait trop dangereux et je sais que des imprudents perdent la vie en prenant des risques inconsidérés et inutiles. La mer ne se domine pas. Personne ne peut l'amadouer, encore plus quand elle est en colère. J'enfile un vêtement imperméable et je range mes lunettes: elles reviendraient couvertes d'embruns difficiles à nettoyer sur la surface transparente des verres. Je force mes bouclettes à rentrer sous la capuche. Voilà, je suis prête à admirer cette belle nature agitée, à me sentir toute petite dans les rafales de vent, à regarder le spectacle des vagues qui sautent contre la jetée lointaine.

◐ Je regarde les vagues s'échouer avec violence sur les galets en contrebas. Des gerbes d'eau salée explosent ; plus loin, je distingue de l'écume.

Le jardin est secoué. Il remue ses branches en tous sens, comme s'il était installé dans un manège qui l'embarquerait dans des mouvements involontaires. Arrivée sur le sentier, je suis plus à l'abri, du vent en tout cas. Il pleut une pluie froide et drue. Je marche à bon rythme, mais sans précipitation: les odeurs de la terre et des plantes, le vol d'un goéland qui joue avec les rafales avant d'aller se mettre à l'abri, tout mérite mon attention.

Je laisse le sentier derrière moi, puis les escaliers. Lorsque j'arrive sur la promenade, des rafales me giflent aussitôt. La mer est démontée, en proie à une fureur saisonnière toujours aussi impressionnante.

Je regarde les vagues s'échouer avec violence sur les galets en contrebas. Des gerbes d'eau salée explosent; plus loin, je distingue de l'écume. Elle s'envole progressivement. Je ne comprends pas les vagues. Quelles conditions initiales peuvent bien influer sur elles? Le vent, forcément, la profondeur et la forme du sol marin, sans doute, mais ce doit être encore plus compliqué que cela. Chaque vague qui s'échoue

exerce aussi une influence sur les prochaines, dans un cycle perpétuel. La vague arrive, forme un arc de cercle, s'écrase et se retire. En se retirant, elle produit un courant invisible. Je crois qu'on parle d'«onde translationnelle». En mathématiques, une translation est un déplacement selon un vecteur, qui indique la direction, le sens et la force du déplacement. C'est joli à entendre, «onde translationnelle». Mais je me focalise sur la période de mes vagues: je compte les secondes entre une vague et la suivante. Pas moyen d'obtenir une période régulière: le vent est trop instable lui-même. Je me livre souvent à cet exercice lorsque les vagues sont plus raisonnables et dessinent des champs de sinusoïdes sur l'étendue de la mer. C'est alors une mer de trigonométrie qui ondule devant moi. Aujourd'hui, les vagues m'évoquent plus la courbe qui représente la tangente, avec leur jaillissement proche de la verticale.

Malgré mon manteau imperméable, je commence à être bien trempée de pluie et d'embruns. Mes cheveux gouttent et mes vêtements sont traversés d'une eau trop froide. Je rejoins l'escalier, que je remonte en me retournant souvent, pour perdre le moins possible de ce très beau spectacle. La maison va me sembler paisible… et sera sèche!

Quelques jours plus tard, un dimanche, c'est la grande marée. Le coefficient est au-delà de 100. Il n'y a pas d'avis de tempête, mais nous sommes en automne et le vent souffle un peu. Et puis chez moi, il y a presque toujours du vent; lorsque je m'éloigne, ne serait-ce que d'un kilomètre ou deux, je suis toujours surprise de le sentir tomber, comme si mon univers à moi, tout circonscrit qu'il soit en superficie, était par nature venteux. Un peu comme dans mon cerveau, où c'est rarement tranquille. De toute façon, vent ou pas, une grande marée ne se manque pas. Je vérifie le marégramme, qui ressemble à une sinusoïde. La mer est déjà en train de redescendre: c'est le jusant. Mais nous avons passé l'étale il y a peu. En route, alors: il me faut me dépêcher.

En arrivant sur la promenade devant la plage, je constate bien une grande marée, même si le demi-tour est engagé. Une frange de galets d'habitude secs, même à marée haute, est luisante et encore surprise d'avoir été trempée. La mer a commencé à se retirer, tranquillement: ni le flot, lorsqu'elle monte, ni le jusant ne se déplacent à vitesse constante. En début de marée et en fin de marée, la vitesse est moindre. C'est au cœur de la marée que la vitesse de la mer en mouvement est la plus grande.

C'est un phénomène fascinant que celui de la marée. Pas seulement les vives ou mortes-eaux, mais le principe même de la marée. Assise sur le muret épais de la promenade, je regarde la mer. Sans cesse, invariablement, de jour comme de nuit, des allers, des retours. Je lève la tête. Le Soleil est caché par la couverture de nuages gris et lisses. La Lune est invisible. Elle est forcément là, mais est-elle cachée par les nuages ou dans l'ombre? Je n'ai pas consulté le calendrier lunaire avant de partir. Je ferme les yeux. Mentalement, je visualise le Soleil, qui exerce son attraction sur la Terre. Hop, un vecteur vers le

◐ Quel manége compliqué!

Soleil. Puis la Lune. Puisque nous sommes en vives-eaux, elle est en nouvelle lune ou en pleine lune, je ne sais pas. Je choisis de l'imaginer entre la Terre et le Soleil. Les deux forces d'attraction se cumulent: j'additionne les deux vecteurs. Et voilà, une grande marée. Mais cela ne va pas: le système que j'imagine est statique. Allez, faisons tourner tout cela...

Quel manège compliqué! La Lune est ici, la Terre là. La Terre, inclinée sur son axe, tourne autour du point d'équilibre du système Terre-Lune, en tenant compte de leurs masses respectives: la Terre bénéficie d'un plus gros coefficient, car sa masse est plus grande que celle de la Lune. On appelle ce point d'équilibre le barycentre. J'aimais bien travailler le barycentre, mais cela fait un moment que je n'ai pas pu le faire. Le mot paraît difficile, peut-être; pourtant, c'est le centre de gravité, en gros. Un milieu est un barycentre, d'ailleurs. Ah, je me souviens! La force centrifuge générée par la rotation de la Terre autour du barycentre Terre-Lune joue aussi un rôle dans le phénomène de la marée. J'ouvre les yeux, prise de vertige; je ne comprends pas tout. Je peux accéder à une représentation, mais pas à une compréhension claire. C'est comme un puzzle dont on m'aurait donné toutes les pièces, qui me permettraient de deviner le motif, mais sans parvenir à toutes les emboîter. Je dois creuser la question. Je veux comprendre. C'est beau de comprendre, n'est-ce pas?

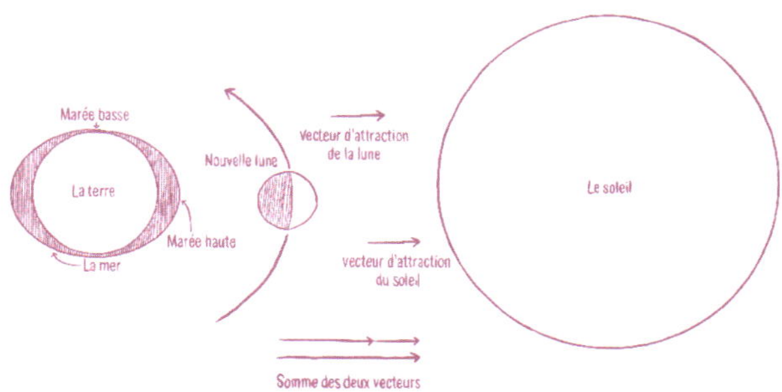

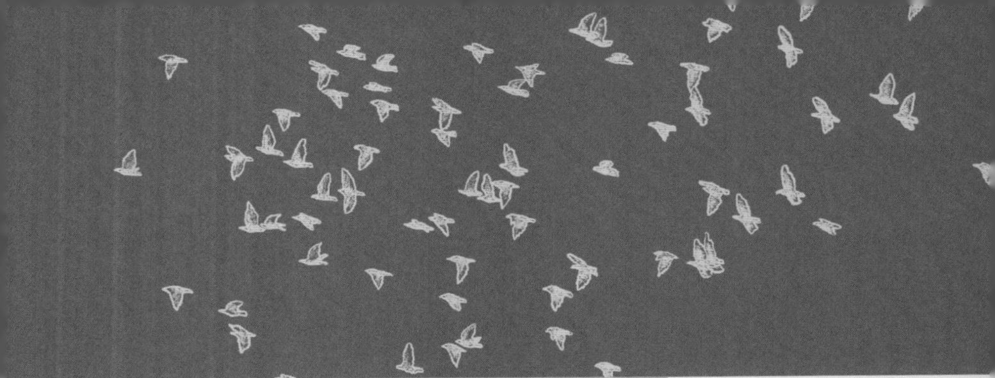

hiver

Topologie du givre

Il fait de plus en plus froid. Ces quelques jours donnent, au moins, l'impression d'un temps de saison. Au jardin, le givre congèle les feuilles. Les mortes sous le magnolia et celles, robustes, des lierres, aucune n'y échappe; ou presque: les plantes situées contre le mur qui porte le chèvrefeuille semblent épargnées. Peut-être sont-elles à l'abri du vent, à moins que la ramée du saule, pourtant privée de ses feuilles, ne les protège.

Le givre se forme par un phénomène joliment appelé «sublimation inverse», pourquoi «inverse»? Parce que la vapeur d'eau, sous forme gazeuse, se transforme directement en cristaux de glace solides, sans passer par l'étape liquide. Le brouillard nocturne, qui persiste souvent lorsque je traverse le jardin au petit matin, se transforme ainsi en givre au contact des feuilles... qui, elles-mêmes, s'en trouvent sublimées. Leurs contours sont comme maquillés d'un trait, soulignés d'une ligne de glace, d'un blanc étincelant. Les nervures sont mises en valeur, plus discrètement. C'est surtout leur frontière qui apparaît. Cela me rappelle mes cours de topologie, à l'université...

Comme j'aime cette branche des mathématiques! La topologie est liée aux déformations d'un objet, aux limites, aux continuités, au dedans et au dehors. La frontière est alors un élément important, qui met en relation ce dedans et ce dehors. La frontière peut être imaginée comme la limite entre la feuille et ce qui lui est extérieur, la «non-feuille». Ou bien comme la ligne qui fait apparaître des centres de cercles imaginaires: un cercle, si petit soit-il, centré sur un point de la frontière de la feuille, se situe en même temps dans et hors de la feuille. La frontière est la seule partie de la feuille qui permette cela.

La frontière ferme la feuille, mais on peut préférer l'«ouvert de la feuille», c'est-à-dire la feuille sans sa frontière. J'adore cette idée, je ferme les yeux, accroupie devant le lierre. Je sens l'air froid que j'inspire, à l'intérieur de mon enveloppe. Je pense la feuille, je vois la frontière givrée, j'imagine qu'elle se détache du reste de la feuille. Il ne se crée pas une nouvelle frontière, non: l'intérieur de la feuille, cet ouvert, s'étend infiniment près de la frontière envolée, sans être limitée par une nouvelle fin.

Peut-être ai-je déformé ces savoirs qui m'étaient familiers il y a longtemps, au temps de l'école, mais peu importe. C'est ma poésie à moi. J'ai gardé d'eux une forme de compréhension tout en ressentis, en émotions, en impressions qui, je m'en rends compte à présent, sont bien difficiles à mettre en mots. Mais ils ont forgé mon monde. Ils décrivent mon univers, en se détachant du seul matériel, de l'obligation du concret. Je ressens la frontière de givre comme je m'imagine, moi, point sur une sphère en rotation et en révolution. Les mathématiques nous accompagnent pour nous rapprocher de l'infini. Elles guident notre pensée sans jamais opposer de limite.

Je me relève. Un pas sur le chemin pavé et je glisse. Cela me fait sourire: l'adhérence aussi est une notion de topologie, en lien direct avec celle de la frontière. Tous ces mots que nous utilisons, et qui sont des termes mathématiques, pourraient-ils être la frontière entre les amoureuses et amoureux des mathématiques et celles et ceux qui s'en vivent comme extérieurs?

Je marche au milieu de la végétation gelée. L'incroyable symétrie des feuilles apparaît plus encore que d'habitude. Elle est véritablement étonnante. Pourquoi les feuilles sont-elles si souvent symétriques? Le sont-elles toujours? Et pourquoi cette symétrie (parfois même ces symétries) se développe-t-elle lors de la formation de la plante ou lors de

◐ La topologie m'est douce, mais je n'aime pas la symétrie.

sa croissance? La topologie m'est douce, mais pas cette question: je n'aime guère la symétrie. Pourtant, cette interrogation me poursuit toute la journée. Au travail, le contour blanc et glacé des feuilles m'est revenu sans cesse à l'esprit. Lorsque je suis rentrée, j'ai cherché des informations. Un article de recherche écrit par une philosophe canadienne[1] présente le problème comme non résolu par les scientifiques: il y aurait jusqu'à cinq axes de symétrie chez les plantes, selon elle, et toujours un axe droite-gauche. Elle pose cette question: «Comment les feuilles (qui ont toutes un axe droite-gauche) font-elles pour sortir des tiges et des branches qui sont toujours cylindriques, c'est-à-dire qui n'ont ni droite ni gauche?» La philosophe évoque un axe radial, bilatéral, apical-basal ou dorsal-ventral. Même si je ne trouve pas de réponse à mes questions dans son article, sa lecture me tranquillise: ce champ du savoir est exploré et on y ouvre des pistes de réflexion. Un vocabulaire est posé pour désigner les objets qui y sont liés; d'autres pensent leur monde et parfois nos pensées se croisent.

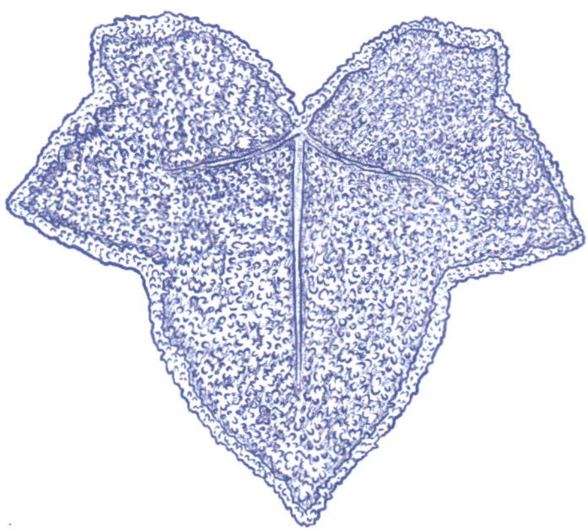

Alors que je retourne vers la douceur de la maison, c'est l'abri de jardin qui attire ma curiosité. La petite vitre située à l'avant serait-elle brisée? Je m'approche, en faisant crisser les brins d'herbe glacés qui se rompent sous mes pas. Non, le verre n'est pas cassé, mais lui aussi recouvert de cristaux de givre. De tels cristaux, je n'en ai jamais vu: on dirait du Mondrian, que le froid a déposé sur certaines parties de la surface vitrée. Des segments d'une netteté coupante, des parallèles, des perpendiculaires. C'est en traçant exactement ce type de motifs, façon *Jetée et océan*, que j'ai appris l'angle droit et la manipulation de l'équerre à des élèves de CE1, l'hiver dernier. Je prends une photo. Et si je trouvais le temps d'aller la leur montrer? Ce réseau de lignes droites, cet agencement qui combine rigidité de la glace et de l'angle droit, mais aussi douceur des courbes, délicatesse et fugacité de la glace, imprévisibilité du réseau obtenu, comme c'est beau, vous ne trouvez pas?

◐ Des segments d'une netteté coupante, des parallèles, des perpendiculaires.

[1] Karen Houle, «Les différentes symétries des plantes», *Chimères*, vol. 1, n° 82, 2014, pp. 155-167. Article à consulter en ligne sur: https://www.cairn.info/revue-chimeres-2014-1-page-155.htm?contenu=article.

Empreintes dans la neige

Il a neigé. Il a neigé longtemps et beaucoup. Le jardin est absolument silencieux. Je me tiens devant la porte de la cuisine, j'observe. Le chien me demande de sortir, alors je nourris mon regard de cette belle étendue immaculée une dernière fois, puis je lui ouvre. Roucky s'élance joyeusement, avant d'être arrêté en pleine course par la sensation incongrue de la neige sur ses pattes. Les chats n'ont pas bougé. Je suis le chien: la neige est rare, il serait dommage de ne pas en profiter! Je sens mes pas s'enfoncer doucement avant de trouver le sol ferme. À chacun d'eux, un léger crissement, puis un craquement, la neige se tasse sous ma chaussure. Elle doit être bien plus épaisse que ce que j'avais imaginé. Hier, les flocons semblaient minuscules. Pourtant, ce matin, le jardin, les statues de métal, l'arrosoir, tout est redessiné avec douceur, en une version ouatée. Je me penche, je dessine dans la neige. J'en saisis une poignée et je tente de la tasser, mais impossible de former une boule. Lorsque je la relâche, elle tombe en une fine poudre gelée.

Je sais que les flocons peuvent être de formes très variées, même si j'ai en tête cette fameuse architecture hexagonale, qui semble la plus commune. J'ai lu qu'au départ, un flocon naît d'une bille de glace, toute sphérique. Mais à un moment de son voyage, sa forme sphérique ne lui permet plus aussi bien de dissiper la chaleur. Alors il se transforme et de cette toute petite boule de glace «émergent soudainement des bras qui croissent dans six directions différentes, mais sur le même plan[1]». N'est-ce pas incroyable? Eh bien, non! Une question d'angle entre les atomes de la molécule

H_2O explique ceci. De même, le flocon se forme dans un unique plan pour rencontrer plus efficacement l'air froid qui l'entoure, rendre la chaleur dont il essaie de se débarrasser. L'intensité du froid transforme l'allure des flocons: ils sont plus effilés et ramifiés s'il fait très froid, plus épais et larges sinon. D'autres variables interviennent dans l'anatomie du flocon de neige: les mouvements de l'air, les collisions avec d'autres congénères, par exemple. La formation du flocon se fait en fonction de plusieurs variables... Il recèle encore de nombreux mystères, car plus les variables sont nombreuses, plus l'étude du phénomène est ardue. Mais le flocon demeure une belle illustration de la géométrie naturelle, avec son plan unique, ses branches axes de symétrie, sa construction faite de segments qui concourent en un centre. On pense souvent que le flocon est doté, en plus, d'une architecture fractale. Pourtant, ce n'est pas le cas: il est formé de motifs autosimilaires, mais qui sont loin de se répliquer à l'infini. En fait, rien dans la nature n'est vraiment fractal: même le chou romanesco ou la feuille de fougère s'arrêtent à un moment donné dans la réplication du motif source de la pseudo-fractale. Mais, pour le flocon, on en est loin. Il n'a pas besoin de cela pour demeurer magnifique et fascinant.

Une plante émerge de la neige de façon particulière. J'ignore son nom, je ne me rappelle même pas l'avoir jamais observée. S'agit-il d'une de ces plantes qu'on qualifie brutalement de mauvaise herbe? En tout cas, la neige l'a rendue remarquable: elle soutient de petites boules de neige, dont certaines sont parfaitement formées, sur de minuscules branchages qui m'évoquent des bras ou des doigts. On dirait

◐ Le flocon demeure une belle illustration de la géométrie naturelle, avec son plan unique, ses branches-axes de symétrie, sa construction faite de segments qui concourent en un centre.

des pierres précieuses entre les griffes d'une bague. Comme souvent, ce sont des sphères qui se dessinent: le cercle, la sphère sont les champions des formes dans la nature, comme dans les gouttes, les ronds dans l'eau… Le cercle est la forme plane qui enclôt la plus grande surface pour un périmètre donné, et la sphère enferme le plus grand volume pour une surface définie. Alors la nature s'y conforme dès qu'elle optimise. Mais cette drôle de plante m'évoque aussi une discipline que j'aime bien: les probabilités. On dirait un arbre de probabilités à l'envers. Les issues sont ces légères boules neigeuses, qui échouent à des niveaux différents.

Une voiture a laissé des traces de pneu dans la neige, juste devant mon jardin. La largeur du pneu a tracé deux lignes parallèles, et un dessin garnit l'entreligne. Les motifs dessinés apparaissent parce que la neige s'est immiscée dans les creux du caoutchouc. J'y vois une figure en deux dimensions. Des arcs de parabole se rejoignent, et les décrire est amusant: on pourrait dire de ces arcs qu'ils sont parallèles entre eux, mais aussi qu'ils sont perpendiculaires aux lignes qui les limitent. Mais peut-on dire que des courbes sont perpendiculaires à une ligne droite? Puisqu'il a neigé et que c'est un événement, je décide que oui. Mes arcs de paraboles sont parallèles les uns aux autres et perpendiculaires à la ligne frontière du pneu. Les mathématiques peuvent être fugaces, créatives, et dévier de la vérité pour un moment. La fantaisie qu'elles permettent est intime et secrète. La poésie des mathématiques décrit un monde sur-mesure, adapté à chacun.

Le ciel est dégagé. C'est un ciel d'hiver, sec et blafard, d'un bleu atténué par le voile blanc du froid saisonnier. La neige est passée, mais le froid persiste et s'intensifie. Il mord, s'infiltre sous les manteaux, pénètre entre les écharpes et les cols. Je m'emmitoufle pour partir en exploration de mon jardin d'aujourd'hui: tout semble en sommeil, encore plus après que la neige a tout recouvert. Certains végétaux ont été brûlés par son froid, d'autres ont mal supporté trois jours d'obscurité, enfouis sous l'épaisse couche de flocons tassés. La pelouse est clairsemée de jeunes touffes d'herbe épaisse et vert tendre poussant vigoureusement alors que c'est la terre détrempée par la fonte qui apparaît ailleurs. Le jardin semble éprouvé. Mais il réserve sans doute des surprises: par nature, il est résilient, et bien plus patient que moi.

◐ On pourrait dire de ces arcs qu'ils sont parallèles entre eux, mais aussi qu'ils sont perpendiculaires aux lignes qui les limitent.

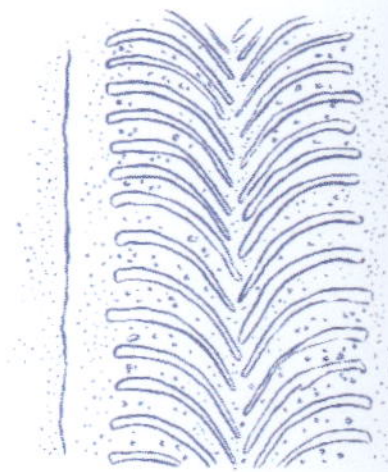

Une tache encore plus blanche attire mon regard: c'est l'hellébore qui a fleuri et que je n'avais pas encore observé en fleurs. Ses feuilles sont vert sombre, brillantes, trouées à la suite de je ne sais quelle attaque. La plante porte de nombreux boutons, dont la blancheur est soulignée par des traces roses, comme si le froid portait sur eux, le même rose que celui des joues des promeneurs en hiver. L'hellébore semble insensible aux basses températures, peut-être même est-il dynamisé par l'hiver. Après tout, il peut enfin se développer en toute quiétude, car son voisin, le chèvrefeuille qui galope sur le mur derrière, le laisse exceptionnellement tranquille.

Le cœur de l'hellébore est d'un vert très pâle. La fleur est fascinante, ainsi offerte au regard. Au bout des étamines, j'aperçois les points, les minces filets sont la ligne qui mène au cœur de la fleur. Les sépales se donnent à voir en deux dimensions, avec une belle surface légèrement gaufrée. Toutes les fleurs possèdent cinq sépales et leurs pointes semblent former un pentagone régulier convexe. J'aime bien cette figure géométrique: à mes yeux, cette figure «régulière» n'a vraiment rien d'ordinaire.

Un polygone régulier est une figure fermée, dont les côtés sont des segments (tout droits, donc), dont les côtés sont égaux (leur longueur est la même) et dont les angles sont eux aussi égaux. Avec trois côtés, c'est un triangle équilatéral. Avec des triangles équilatéraux égaux, on peut paver le plan, c'est-à-dire qu'on peut recouvrir une surface plane avec cette même forme, qu'on peut orienter différemment, mais sans espaces laissés vides et sans chevauchement.

Si on s'intéresse aux polygones réguliers convexes à quatre sommets, c'est le carré qu'on évoque. Avec quatre sommets, la définition prend tout son sens: les deux conditions (l'égalité des longueurs des côtés et l'égalité des angles aux sommets) sont importantes: le losange possède la première, mais en général pas la deuxième; le rectangle possède la deuxième, mais en général pas la première. Pour que le quadrilatère soit régulier, il faut une figure qui soit à la fois un losange et un rectangle: le carré, super-héros des quadrilatères! Et lui aussi pave le plan.

Le polygone régulier à six côtés, évoque les alvéoles des ruches, très simple à tracer au compas et à la règle. Lui aussi pave le plan, sauf que ce n'est pas si simple, jugez-en:

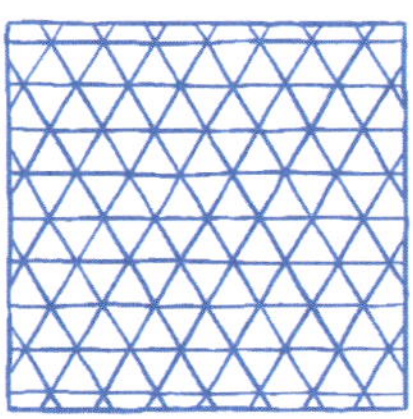
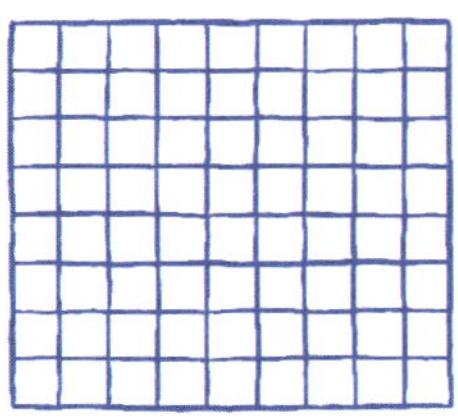
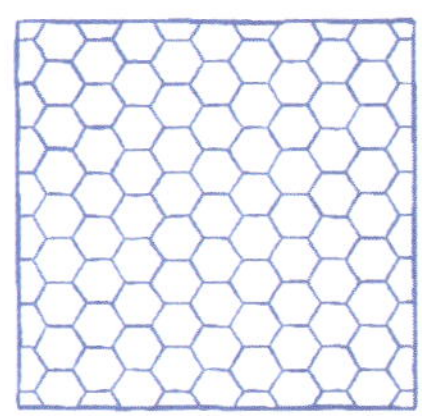

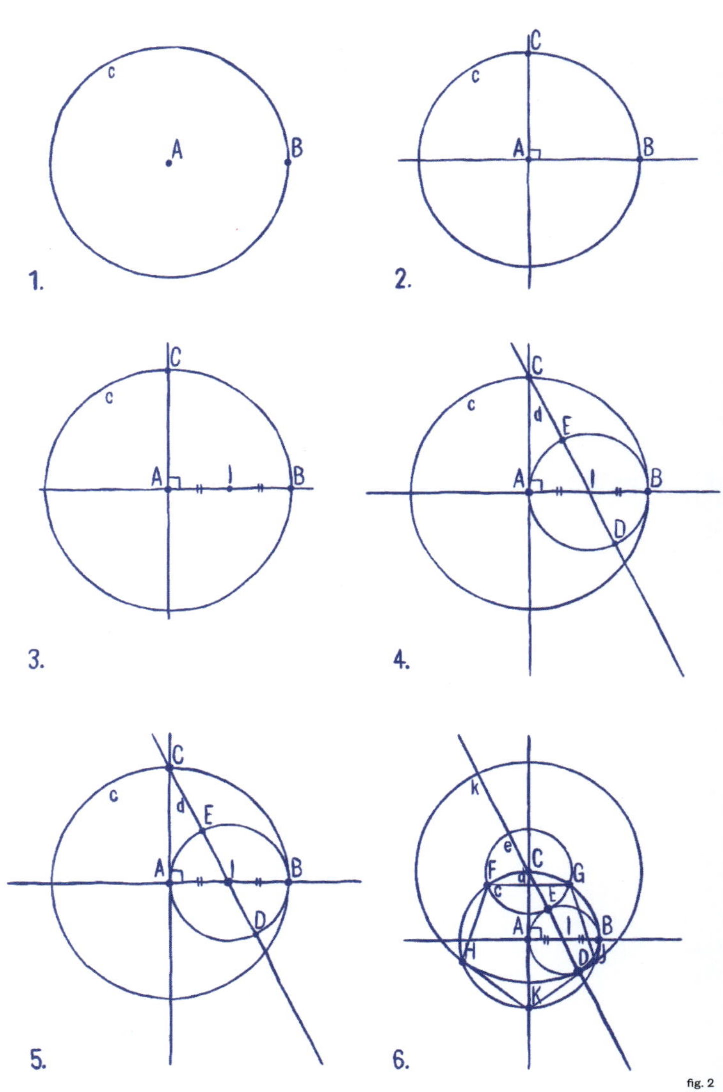

fig. 2

◐ Dans le pentagone régulier, on retrouve une fois de plus… le nombre d'or !

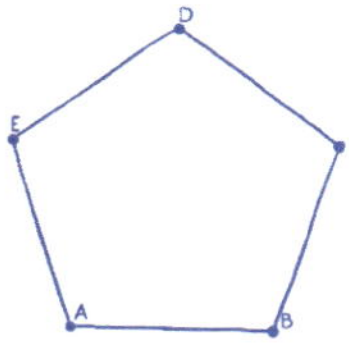

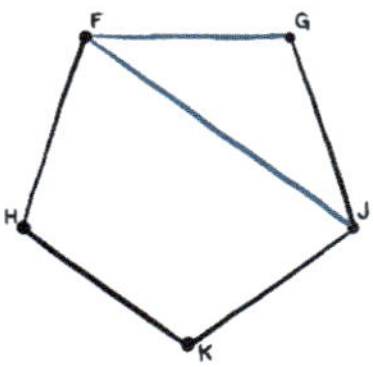

$$\frac{FJ}{FG} = \frac{1+\sqrt{5}}{2}$$

fig. 1

Et le pentagone régulier? Sous sa forme convexe, il ne semble pas si régulier que cela. Et pourtant, si!

À tracer à la règle et au compas, lui aussi est loin d'être immédiat — voir fig. 2, à gauche.

Dans le pentagone régulier, on retrouve une fois de plus… le nombre d'or! En effet, si on divise la longueur d'une diagonale par la longueur d'un côté, le résultat est le nombre d'or. — voir fig. 1, ci-contre. Décidément, il se niche partout dans mon jardin, cet irrationnel mystérieux…

Mais j'ai froid. Le pentagone imaginaire de mon hellébore se dissipe dans mon esprit et je pars à la recherche d'un peu de chaleur.

[1] Pauline Gravel, «L'architecture des flocons de neige», *Le Devoir*, 10 janvier 2015. Article à consulter en ligne sur: https://www.ledevoir.com/societe/science/428554/l-architecture-des-flocons-de-neige.

Murmurations crépusculaires

La nuit tombe tôt, ces jours-ci. C'est pour moi, tout à la fois, une source de plaisir et de pesanteur: la fin du jour m'apporte un sentiment de réconfort, me fait me sentir encore mieux chez moi, au chaud, et en même temps elle réduit mon univers. Peut-être ressentez-vous la même ambivalence. Mais avant l'obscurité de la nuit, alors même que c'est encore l'après-midi, il y a le crépuscule. Tout est joli, dans le crépuscule: déjà le mot lui-même, puis la lumière irréelle et toujours différente, l'air qui change de consistance et l'odeur du jardin qui se modifie. C'est un moment privilégié pour se poster à la fenêtre ou, mieux, sur la terrasse. Ce que je fais. Là, je peux observer, écouter, sentir, m'imprégner de ce temps qui passe, accepter la scansion astronomique de nos journées.

Je vais vous dire un secret. Le crépuscule d'un jour d'hiver est l'occasion d'observer un phénomène incroyable, qui lui aussi porte un bien joli nom: les murmurations. La région accueille une multitude d'étourneaux qui, le soir venu, avant la tombée de la nuit, se livrent à des chorégraphies extraordinaires. Chaque oiseau participe à un ballet collectif, comme s'il formait avec ses pairs un organisme unique. Une immense forme se meut, enchaîne des transformations géométriques complexes, se déforme en permanence, toujours harmonieusement. La densité fluctuante d'oiseaux obscurcit ou éclaircit telle ou telle partie de la forme en mouvement, insaisissable. Mais est-elle vraiment insaisissable pour nos esprits?

Depuis plusieurs dizaines d'années, des chercheurs travaillent à analyser les murmurations pour les modéliser.

Alors que dans les formations en V d'oiseaux migrateurs, comme les oies, on observe la présence d'un «chef d'escadron», aucun étourneau ne prend le commandement des murmurations. Le groupe se rassemble, se scinde, change de cap ou se dilate comme par une décision commune, sans collisions. Des principes ont été identifiés: par exemple, chaque oiseau agit par imitation de ses voisins les plus proches dans la nuée. Il se conforme à leur vitesse, à leur direction, mais veille à se tenir suffisamment éloigné pour qu'aucun oiseau ne risque l'accident. J'imagine chaque étourneau, tout petit oiseau en mouvement rapide, estimant des grandeurs telles que la distance, la vitesse, réagissant au moindre changement de trajectoire de ses voisins, combinant toutes ces informations instinctivement. Le résultat ressemble à une onde, vivante, alerte, mais aussi porteuse d'une véritable poésie.

◐ Le crépuscule d'un jour d'hiver est l'occasion d'observer un phénomène incroyable qui lui aussi porte un bien joli nom: les murmurations.

Des chercheurs comparent les mouvements de la murmuration à un ressort. Ils seraient gouvernés par un principe d'attraction, et un autre d'alignement. Plusieurs modèles mathématiques ont été proposés, dont un, le modèle de Vicsek, est mathématiquement assez simple et semble efficace. Dans un mémoire d'études de l'École normale supérieure («Limite de champ moyen pour un modèle de comportement collectif», 2013), Jaime Roquero Gimenez écrit: «L'étude des bancs de poissons ou des nuées d'oiseaux commence donc par l'écriture d'équations différentielles stochastiques couplées.»

Les étourneaux seraient-ils mathématiciens, alors? Sans doute pas, non. Mais nul besoin d'être mathématicien pour vivre avec les mathématiques. De nombreux organismes vivants suivent des modèles mathématiques. Pas consciemment, certes, mais quelle importance? Cela nous renvoie à la question récurrente de la nature des mathématiques: sont-elles naturelles, donc préexistantes, ou bien ont-elles été

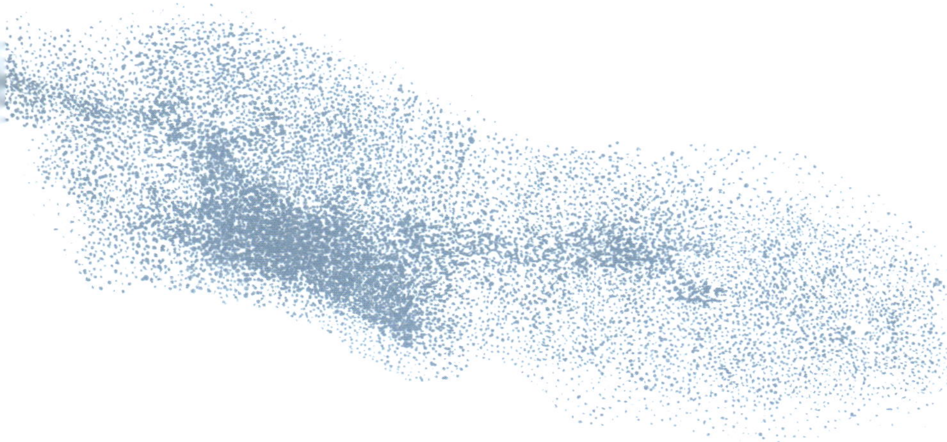

inventées par l'homme? Entre nous, je crois que cette question n'a pas de sens véritable: les mathématiques existent sans même porter de nom. L'expression que nous leur donnons est humaine, par la force des choses, puisque nous l'avons pensée. Mais nous ne les avons pas créées. Nous observons ces mathématiques, nous les devinons, nous essayons de les mettre en mots, en signes, en courbes, en équations. On peut les trouver sèches et arides, mais elles sont tout le contraire: elles expriment parfois la poésie, dans des formes tout aussi poétiques. Et pour ma part, je suis toujours fascinée par la possibilité qu'elles donnent de comprendre le monde et de transmettre cette compréhension. Elles rendent libre en donnant les moyens de saisir ce qui nous échappe. Elles n'éloignent pas de la magie de notre environnement: elles lui donnent corps.

Pollution géométrique

Je rentre tôt, aujourd'hui. J'ai encore une multitude de choses à faire: entre autres, je veux lire et analyser des productions d'élèves, mathématiciens en herbe qui se sont élancés avec confiance et enthousiasme à la poursuite de questions d'angle et de parallélisme. J'ai passé une partie de la matinée à essayer de donner du corps, de l'épaisseur à la question des angles alternes-internes et des angles correspondants. La tâche est d'ampleur, et délicate: entamer une nouvelle séquence par l'annonce d'un pareil titre serait sans doute un gage d'échec. J'ai donc abordé la question différemment: pas de titre pour le moment, et une entrée par l'Histoire et par une histoire, celle d'un chameau, d'un puits et d'Ératosthène, qui mesure la circonférence de la Terre sans pratiquement se tromper. Mais pour expliquer sa démarche, il nous faut recourir aux angles alternes-internes. Alors, je traverse le jardin en remerciant silencieusement Ératosthène pour sa contribution à l'éveil critique, scientifique et mathématique de mes jeunes élèves de cinquième.

Mais tout de même, avant de rentrer, je regarde autour de moi. Le jardin est paisible. Je lève le nez vers le ciel. Il est parfaitement dégagé. Seules le barrent des traînées blanches laissées par des avions allant je ne sais où. Ça alors! Voilà que mon objet de réflexion du matin se présente à mes yeux depuis le jardin! Zut, quel dommage que je n'aie pas observé ce ciel au collège; j'aurais emmené les élèves dans la cour et nous aurions représenté le ciel, et codé les angles. J'en vois là un aigu, et puis forcément son complémentaire, ici, est obtus. Si je considère ces deux droites-ci, et que celle-là est leur sécante commune, voilà plusieurs couples d'angles alternes-internes qui s'exhibent. Mon cerveau décide d'affecter aux angles alternes-internes des couleurs qui les associent par couples, puis il change de droite, change de sécante et considère des questions de parallélisme. Et puis tenez, on change encore: je pars mentalement de considérations de parallélisme ou de non-parallélisme, et j'en déduis des informations sur des mesures d'angles formés par des traînées vaporeuses. Cela me prend un temps que je ne saurais estimer: je suis happée par ces mathématiques du ciel.

Au moment où je commence à m'interroger, à me demander si, en changeant de perspective, je pourrais envisager une configuration permettant de recourir au théorème de Thalès, ma conscience me rappelle à l'ordre: il faut rentrer et se remettre au travail. Les mathématiques ne sont pas que dans les nuages, elles se partagent, aussi. Alors au boulot!

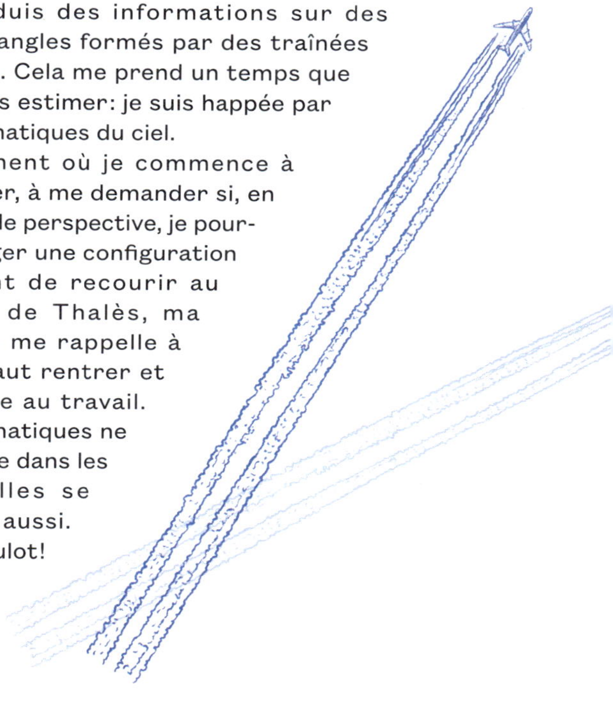

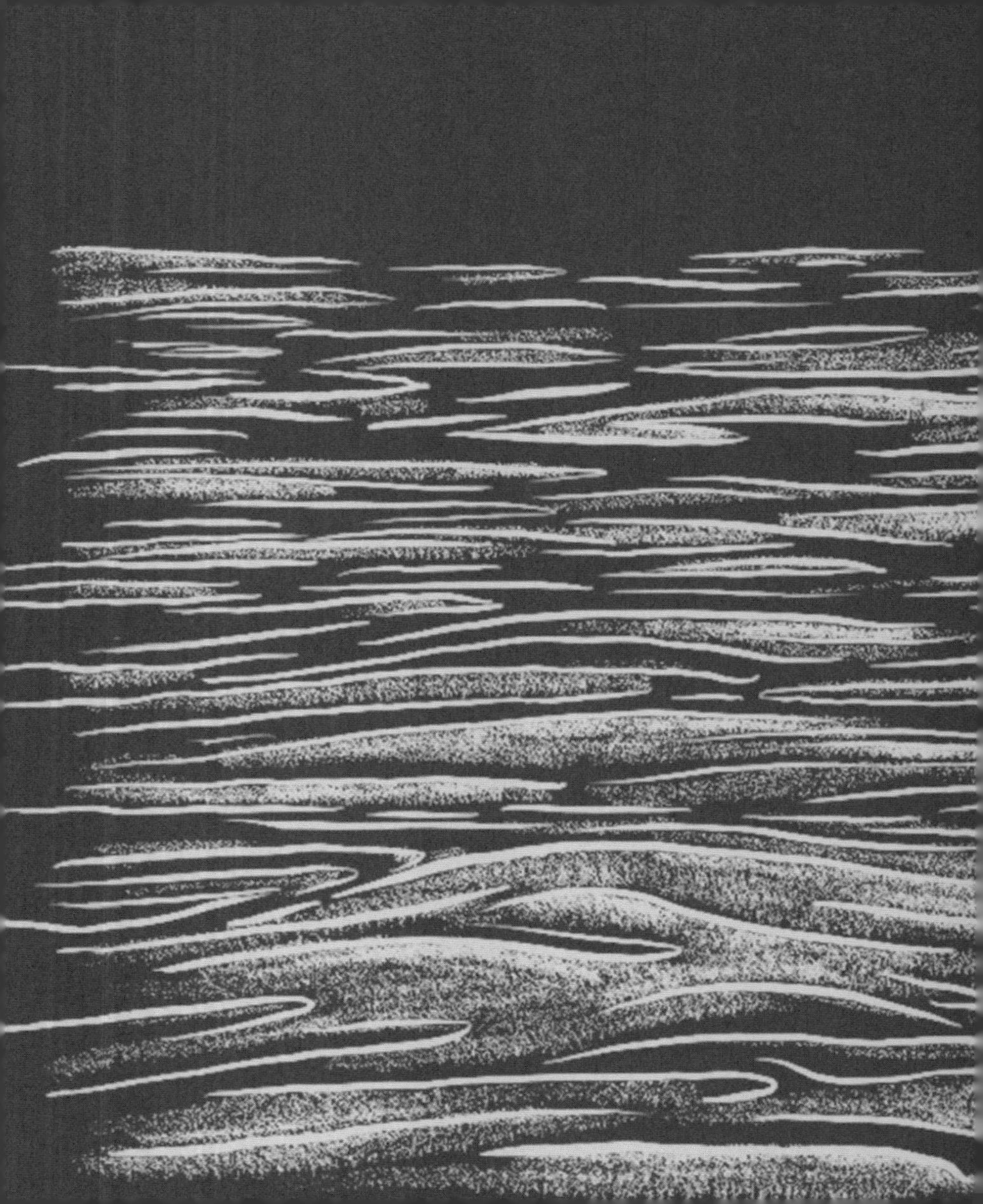

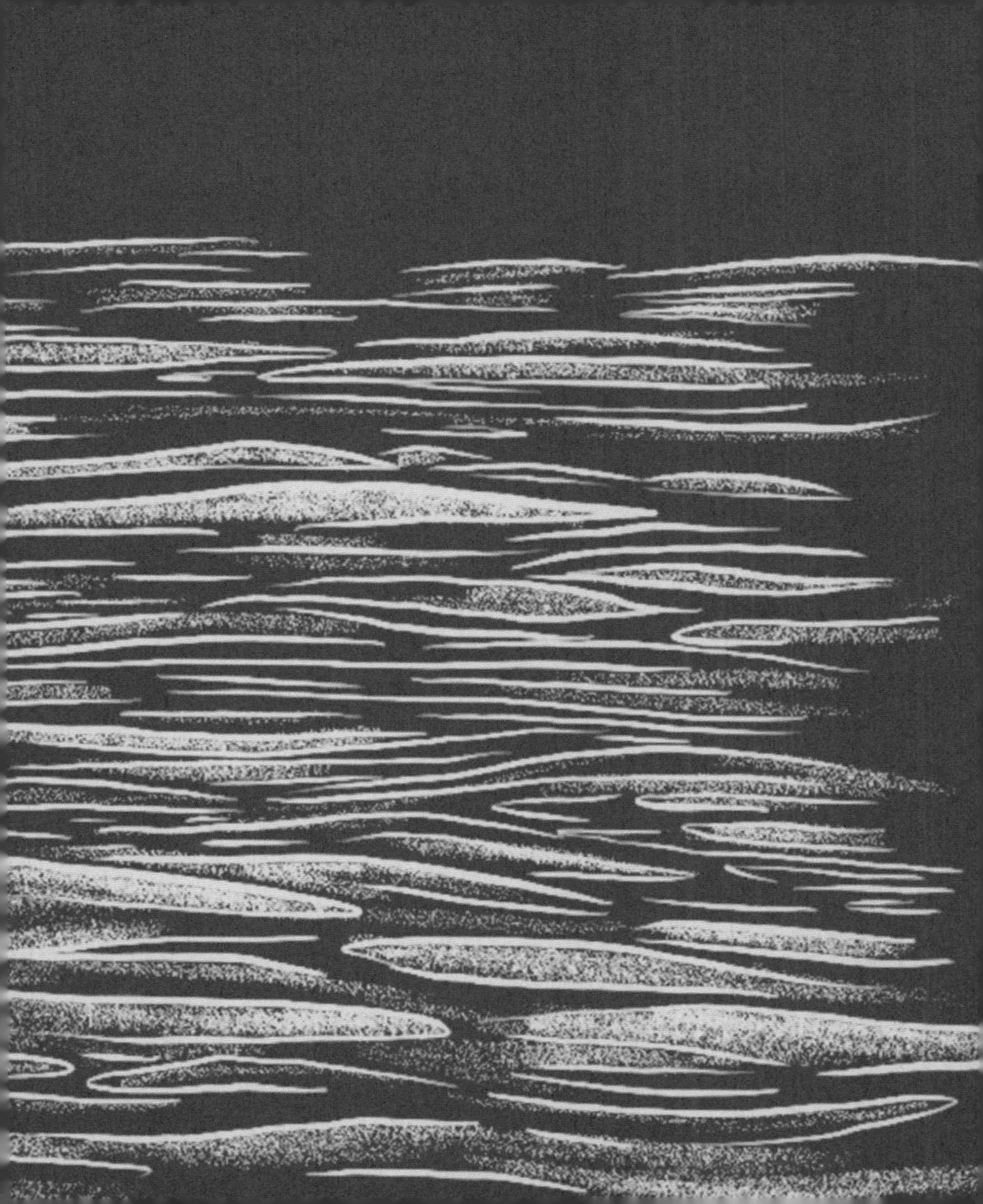

La mer en hiver

Je traverse mon jardin d'un pas bien décidé, ce matin. Il est 10 heures. Le ciel est blanc, opaque, laiteux. Le froid est vif et piquant. Je suis emmitouflée dans un épais manteau. J'ai enfilé mes gants les plus chauds et je me suis enroulée (chez moi, on dit «entoupinée») dans une écharpe moelleuse. Je suis prête pour aller voir la mer, ma mer.

Au bout du jardin, j'emprunte la toute petite rue qui part vers la droite, sur quelques mètres. Je tourne pour descendre le sentier qui devient vite plutôt raide. Il n'y a aucun bruit. Les oiseaux qui restent sous nos climats à cette époque ont dû trouver un abri pour se protéger de l'hiver. Les arbres sont nus et les fougères sont étincelantes de givre. Tout ce que j'entends, ce sont mes pas, ma respiration, l'écharpe qui frotte contre le col de mon manteau. Il fait vraiment très froid. Je sors le bonnet que j'avais glissé dans ma poche et je l'enfonce soigneusement sur ma tête.

Je suis née et j'ai grandi près de la mer, tout près. De la fenêtre de la cuisine de l'immeuble que j'habitais avec mes parents, au cinquième étage, je pouvais la contempler, observer ses variations de couleur, détecter ses changements d'humeur et même voir les vagues sauter contre la jetée. Nous étions assez loin, mais en hauteur, ce qui rendait la vue formidable. Après les cours au lycée, ou pendant les vacances, il me suffisait de marcher un moment pour m'asseoir sur la plage et regarder les vagues ou aller me baigner, quelle que soit la saison. Évidemment, les bains d'hiver étaient bien plus brefs qu'aux mois d'été: avec mes compères, nous restions quelques minutes dans l'eau, qui ne semblait pas si froide, au bout du compte. Au sortir du bain, nous courions sur les galets pour remonter le plus vite possible jusqu'à la cabine et nous y réchauffer. Heureux et détendus, nous buvions un thé ou un chocolat bien chaud.

Aujourd'hui, je n'ai pas comme intention de plonger dans la mer d'hiver; il y a bien longtemps que je ne pratique plus cet exercice. Mais j'ai toujours besoin de lui rendre visite, de l'admirer dans tous ses états. Me voici déjà au bout du sentier, devant les escaliers étroits et abrupts, calés entre des falaises. La mer se révèle à moi, toujours la même et à chaque fois différente. Je descends jusqu'à la promenade, que je traverse pour accéder à la plage. Je suspends le mouvement de ma jambe avant que mon pied touche le premier galet, comme toujours depuis l'enfance. Profiter de ce moment suspendu qui m'amène devant la mer. Elle est calme, tellement paisible. Elle donne à voir une surface d'un beau gris un peu bleu, lisse, comme une immense portion de plan. Des lignes parallèles marquent des changements nets de couleur, toujours dans les tons de gris, mais qui tendent plus vers le vert. C'est une belle géométrie qui se déploie devant moi, comme immobile et en mouvement en même temps. La mer se veut euclidienne ce matin, avec une aspiration à la linéarité et au parallélisme. Elle veut se donner à voir sage et raisonnable. À ma gauche un large muret a été construit, il y a longtemps, pour permettre aux sauveteurs d'acheminer leur canot, le cas échéant. Lui aussi est si droit, anguleux, net, comme le froid d'aujourd'hui. Il forme un polyèdre, proche d'un long pavé droit. Certaines de ses faces s'enfoncent dans les galets, englouties par l'eau salée en bout de course, et plongent, guidées par les arêtes déterminées. Elles apportent la perpendicularité qui manquait à tout ce parallélisme. Ce n'est toutefois pas mon paysage marin de prédilection: je ne suis pas friande d'angles droits. Je laisse la mer à son sommeil hivernal et je remonte vers chez moi. La résurgence des souvenirs m'a donné envie d'un bon thé fumant.

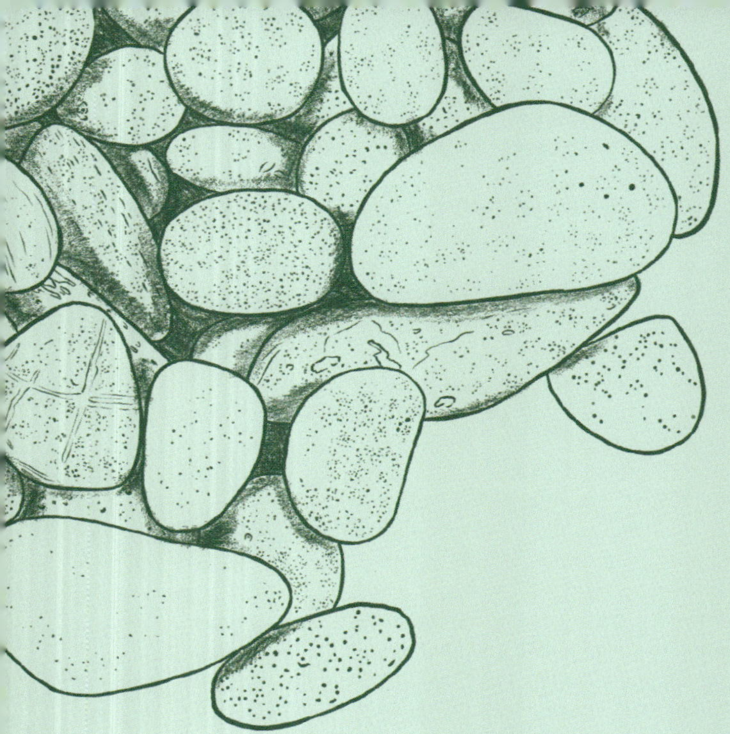

print

emps

◐ Me vient l'envie
de planter
un nouvel arbre.
Mais que planter?

Le réseau vivant des arbres

Au printemps, tout le jardin manifeste une énergie vitale époustouflante. Partout où je pose mon regard, je lis l'éveil, le mouvement. Tout croît, projette, s'exprime. Les arbres sont couverts de feuilles toutes neuves, mais déjà déployées, gorgées de sève. Les oiseaux chantent bruyamment, vont chercher, pour préparer leur nid, des touffes de poils du chien dans l'abri où j'en dépose après le brossage de Roucky. Les chats du quartier se prélassent au soleil dans l'herbe, sur la table en bois, sur les fauteuils, le long des appuis de fenêtre. Des hérissons se baladent au crépuscule. Les glycines se sont lancées dans leur escalade, encore plus haut que l'année précédente. En quelques jours, une pousse qui pointait tout juste devant la fenêtre est désormais en plein milieu.

Devant ce beau jardin, simple, naturel et bienveillant, me vient une envie de planter un nouvel arbre. Là, de ce côté, l'espace est encore dégagé. Un arbre viendrait apporter une ombre bienvenue lors des déjeuners dehors. Mais que planter? Il y a déjà le saule, le magnolia, le cytise, le prunus, les noisetiers, les pommiers et les poiriers, et puis l'érable. Que planter qui se sente à son aise et cohabite avec ses voisins végétaux? Car toutes les espèces d'arbres ne font pas bon ménage. J'ai lu quelque part que les arbres peuvent coopérer, cependant. Certains chercheurs pensent que des réseaux de champignons microscopiques pourraient les relier entre eux. Ces réseaux permettraient d'échanger de la matière organique, des nutriments. J'ai également lu que des arbres pourraient s'envoyer des messages dans le cadre d'une interconnexion, en cas de danger, grâce à un réseau de racines, cette fois. J'imagine un réseau souterrain. J'ai travaillé la notion de réseau, lorsque j'étais étudiante, et j'y prenais beaucoup de plaisir. Depuis, faute de réutiliser dans mon quotidien les réseaux, ils sont devenus une idée vague, une impression agréable. Je me souviens qu'il faut un espace vectoriel. Nous étudiions cela en théorie des groupes. J'adorais l'algèbre linéaire. J'allais découvrir la topologie comme on découvre un univers qui nous manquait. Dans les réseaux, il était question de «sous-groupes discrets». N'est-ce pas délicat, des sous-groupes discrets? Ils engendraient quelque chose... Oh, je ne sais plus. Lorsque je serai rentrée de ma balade algébrico-bucolique, je relirai Daniel Perrin, un mathématicien dont j'admire la clarté intellectuelle[1]:

1.1. Définition. Soit L un sous-groupe additif de E et $r \in N^*$. On dit que L est un sous-réseau de rang r de E s'il existe une famille libre $e_1,\ldots,e_r$ d'éléments de L tels que L soit l'ensemble des combinaisons linéaires à coefficients entiers des e_i:

$$L = \left\{ x = \sum_{i=1}^{r} x_i e_i \mid x_i \in Z \right\}$$

La famille $e_1,\ldots,e_r$ est appelée une Z-base de L et on a r = rg L. On appelle réseau un sous-réseau de rang minimum (c'est-à-dire n).

Comme j'aime ces signes, ce langage, cette expression qui, à chaque avancée de ma lecture, fait naître des images mentales, une construction. Le moindre caractère apporte une information, indispensable, sans laquelle on ne réfléchira pas bien. Ce langage, que d'aucuns considèrent comme abscons, me semble beau, et même parfois poétique. Il s'adresse directement à la réflexion, de la façon la plus directe et simple possible. Si, si, simple. Tout est une question de regard et de disponibilité. Comme pour observer le jardin.

Mais pour l'instant j'y suis encore, dans ce jardin. Mes chaussures sont presque masquées par l'herbe, laissée volontairement haute pour préserver tout un tas de petites bêtes. Alors, sous mes pieds, plus qu'un sous-groupe discret, j'imagine un graphe. Les sommets représenteraient les arbres; les arêtes, les connexions entre eux. Je l'imagine incomplet, car je ne vois pas pourquoi tous les arbres seraient en relation les uns avec les autres. Je l'imagine aussi orienté, car je ne pense pas que les relations entre les arbres soient symétriques. Est-il connexe? Eulérien? Ça y est, dans mon esprit le graphe se dessine, sans doute totalement chimérique, mais c'est une pensée agréable. Ma réalité et mon univers intérieur se rejoignent tranquillement, se nourrissent l'un l'autre. Si les arbres étaient véritablement en relation les uns avec les autres, un graphe serait un moyen bien pratique de représenter et de modéliser la situation. Mais je crois me souvenir que ces théories sont contestées. Peut-être n'existe-t-il aucune interaction là-dessous. Mon graphe s'estompe. Ce n'est pas grave: c'est une conjecture, voilà tout. Ou une fausse piste, ce qui est bien joli aussi.

[1] Daniel Perrin, «Réseaux et applications», département de Mathématiques d'Orsay, université Paris-Saclay/CNRS. À consulter en ligne sur: https://www.imo.universite-paris-saclay.fr/~daniel.perrin/Sevres/reseaux.pdf

Et pourtant, il vole !

Il fait beau, doux, un peu chaud même. Hier, l'orage a éclaté brièvement sans prévenir. Pourtant, l'air est resté aussi humide et pesant, presque épais. Mais ce n'est pas désagréable: nous ne sommes qu'au printemps et un souvenir de fraîcheur demeure.

Le jardin exulte, fortifié par des épisodes de soleil, une température clémente et des averses nourricières. Les arbres ont encore grandi cette année, d'une façon impressionnante. Bientôt ils nous fourniront la protection que nous espérions en les plantant. Ils étaient si petits quand nous les avons plantés; nous n'imaginions pas qu'en quelques années le magnolia prendrait une telle ampleur, allongerait ses branches si loin, se couvrirait de feuilles si larges. Il a fleuri, il y a peu: des fleurs jaunes, discrètes dans le feuillage, se sont épanouies d'un seul côté. Peut-être le vent qui souffle sans relâche chez nous en est-il la cause, ou bien l'ombre portée par la maison sur l'arbre. Le magnolia a défleuri depuis, mais le cytise a pris le relais: de longues grappes jaunes s'écoulent de sa cime, située à plus de quatre mètres. Elles forment une masse vive qui suit le souffle du vent.

Les insectes sont à la fête; en tous cas, les abeilles et déjà un ou deux papillons. Ni mouches ni moustiques ne volent autour de l'arbre, qui les repousse. Je m'approche doucement, pour ne pas déranger les butineuses dans cette tâche tellement cruciale pour la biodiversité. Les abeilles sont en plein travail, et se couvrent visiblement de pollen. Quel beau spectacle... Elles bourdonnent tranquillement, passent d'une grappe à une autre. Tout à coup, un bourdonnement grave se fait entendre. Je m'immobilise, et un très gros insecte vient se poser avec gourmandise sur une

◐ On a longtemps cru que le rapport mathématique entre les ailes et le poids du bourdon démontre que voler lui est impossible. Mais non!

grappe jaune. Qu'est-ce que c'est que cette bestiole? Un frelon? Sans doute pas: il est noir. Une abeille? Possible, mais d'une espèce particulière alors, et différente des abeilles qui peuplent habituellement le jardin. Un bourdon? Peut-être.

Cette pensée m'évoque une parole d'Igor Sikorsky, un des pères de l'aviation. Il aurait un jour déclaré: «Le rapport mathématique entre les ailes et le poids du bourdon nous démontre que voler lui est impossible mais le bourdon l'ignore, c'est pourquoi il vole.» Cette citation a été récemment relayée sur les réseaux sociaux. On dit même qu'elle aurait été affichée dans les locaux de la NASA, il y a plusieurs dizaines d'années, pour encourager les potentiels astronautes à se lancer vers l'inconnu avec enthousiasme. L'idée me fait sourire: Igor Sikorsky se trompait, bien sûr. A-t-il seulement pensé ce qu'il a dit? Comment un ingénieur, un homme de sciences, le pourrait-il? Ma part mathématicienne sait que les phénomènes physiques s'expliquent, toujours. Les causes s'enchaînent, se combinent, influent les unes sur les autres, produisent des effets qui respectent une logique parfois difficile à découvrir. Les conditions initiales peuvent tout changer, comme dans les équations différentielles que je fuyais, étudiante. Une petite variation modifie le résultat, parfois de façon très importante.

Igor Sikorsky a sans doute commis l'erreur d'assimiler le vol des bourdons à celui des avions, qu'il connaissait si bien. Mais ses équations ne pouvaient pas s'appliquer aux bourdons: les ailes des avions sont stationnaires, pas celles des bourdons. C'est déjà une différence fondamentale.

Depuis la fin du XXe siècle, le vol du bourdon est mieux connu: en agitant ses ailes, le bourdon crée un minuscule tourbillon à l'avant. Son aile plane présente un angle d'attaque de 30° à 40°, contre 15° pour l'aile d'un avion. Il bat des ailes dans un plan presque horizontal, d'avant en arrière, dans un mouvement décrit comme sinusoïdal. Le tourbillon provoque une aspiration de l'air, perpendiculairement au plan de ses ailes, et permet qu'il tienne en l'air. La viscosité de l'air, sa température, sa pression entrent en compte dans les équations qui auraient fourni une explication à monsieur Sikorsky. Le bourdon vole, logiquement. Mais son vol est peuplé lui aussi de belles mathématiques, de géométrie, de courbes, de constantes et de variables, de fonctions qu'on dérive, d'angles et de surfaces. Il devient encore plus extraordinaire lorsqu'on en devine la complexité et la simplicité, la délicatesse et l'inéluctabilité.

◐ Le vol du bourdon est peuplé lui aussi de belles mathématiques, de géométrie, de courbes, de constantes et de variables, de fonctions qu'on dérive, d'angles et de surfaces.

Les couleurs des mathématiques

Le temps est instable. Les rayons de soleil sont rasants, à peine tièdes. Les nuages matelassés sont sombres, gris foncés. Ils sont rassemblés, comme entassés sur toute une partie du ciel au-dessus du jardin. Mais un petit tiers du ciel que j'observe est dégagé et laisse passer la lumière. Je contemple en silence ce spectacle, assise sur un banc en pierre, près de la haie du fond. Roucky est allongé près de moi, Arwen est assise à mes côtés, Gimli est tapi sous le banc. Je sens le Soleil qui tente de s'imposer et me réchauffe légèrement le dos, alors que quelques grosses gouttes s'écrasent sur mon visage. J'espère, je scrute, et d'un coup il est là: l'arc-en-ciel que j'attendais. À quel moment a-t-il bien voulu que je le voie? Comment fait-il pour être invisible, puis tellement présent l'instant suivant?

Les arcs-en-ciel ne m'évoquent ni lutin ni chaudron. Je n'ai pas besoin d'imaginer un trésor pour rêver devant eux. Celui-ci est très net, immense et lumineux. Pour le moment, en tout cas: je sais cette vision éphémère et je veux en profiter, dans le silence de mon jardin, interrompu seulement par quelques pépiements d'oiseaux.

Aristote a écrit sur les arcs-en-ciel, dans son traité sur les *Météorologiques*: «L'arc-en-ciel ne forme jamais un cercle complet, et sa section n'est jamais plus grande qu'une demi-circonférence. C'est au coucher ou au lever du Soleil que, pour le plus petit cercle, la corde est la plus grande; mais quand le Soleil est plus haut sur l'horizon, la corde est d'autant plus petite que le cercle est plus grand. Après l'équinoxe d'automne, quand les jours se raccourcissent, il se forme à toute heure du jour. Dans l'été, il ne se montre guère vers midi.» Le regard qu'a posé Aristote sur les arcs-en-ciel était nourri par ses savoirs mathématiques: le langage mathématique permet des descriptions particulièrement précises, explicites. «Cercle», «section», «circonférence», «corde», mesures de longueur, durées... J'ai tant de questions en contemplant cet arc-en-ciel; je me demande si mes lointains voisins qui habitent sur la colline en face le voient aussi. Si oui, le voient-ils comme je le vois? Je distingue assez précisément le deuxième arc-en-ciel, qui pourtant souvent ne se révèle pas à nos yeux, ou pas aussi distinctement.

◐ C'est un phénomène optique lié à la réfraction, à l'effet de gouttelettes d'eau qui jouent le rôle de prisme en séparant les couleurs qui composent les rayons lumineux.

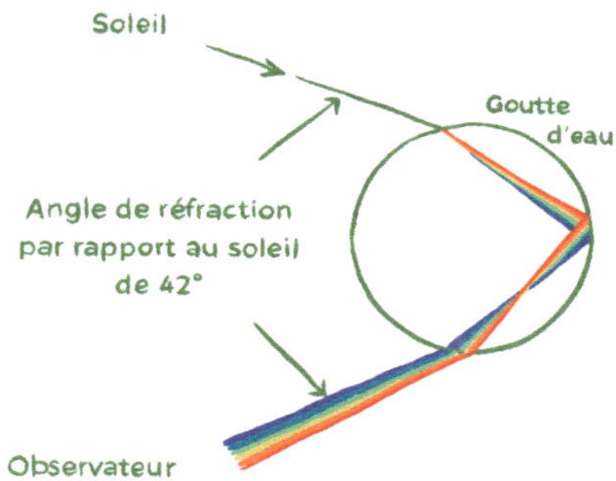

Que savons-nous de l'arc-en-ciel? Pas grand-chose, finalement: c'est un phénomène optique, lié à la réfraction, à l'effet de gouttelettes d'eau qui jouent le rôle de prisme en séparant les couleurs qui composent les rayons lumineux. Le mot «incidence» me vient à l'esprit, reste parcellaire de l'enseignement du cours de mécanique de mes premières années d'études. Je sens tourbillonner légèrement des lignes trigonométriques dans mon esprit: des sinus, des cosinus, des tangentes. J'imagine les rayons colorés, séparés les uns des autres, et leur trajectoire qui s'infléchit à chaque rebond sur les gouttes d'eau. Ma vision est naïve, simpliste sans doute, mais elle me suffit pour le moment. Mon arc-en-ciel reste partiellement mystérieux, et ce n'est pas grave.

Tout de même, une question me taraude. Je pressens qu'elle ne laissera pas tranquille mon cerveau tant que je n'y aurai pas répondu: cet arc-en-ciel, est-ce un arc de cercle? Un arc de parabole? J'ai besoin de savoir. L'arc-en-ciel risque de se dissiper sans crier gare, alors je me presse. Où est donc mon téléphone? Je le trouve enfin et je prends une photo. J'ai hâte de vérifier la forme de l'arc. Mais je ne peux raisonnablement pas abandonner la contemplation de mon

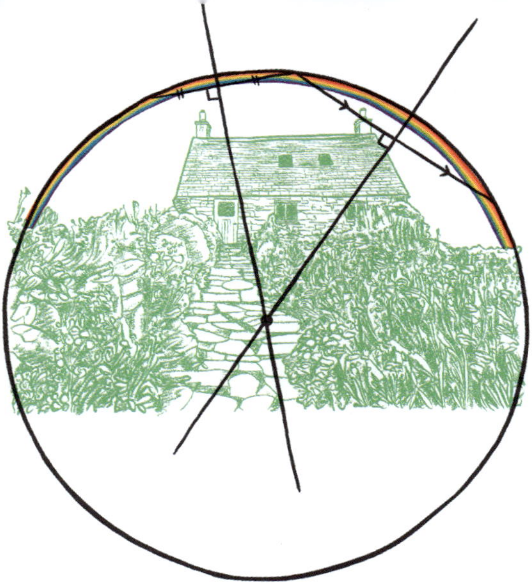

◐ Vous l'avez compris, j'aime beaucoup vérifier qu'une courbe est un cercle. Cela me reste du collège, lorsque j'étais élève.

arc-en-ciel. Alors je reste là encore un moment. La pluie s'allège, se raréfie, et des nuages viennent cacher le Soleil de printemps. Le ciel est de nouveau couvert, simplement. En même temps exactement identique et complètement différent. Je rentre, suivie de Roucky, Gimli, Arwen et Aragorn qui semblent se demander quelle idée saugrenue m'a poussée à rester dehors sous la pluie, alors que je profite d'un foyer sec et chaud.

Vous l'avez compris, j'aime beaucoup vérifier qu'une courbe est un cercle. Cela me reste du collège, lorsque j'étais élève. Ma professeure de mathématiques nous avait enseigné la médiatrice et nous avait demandé, en exercice d'application, de trouver le centre d'un cercle, invisible sur le dessin fourni. Personne n'avait trouvé pendant la séance. J'étais rentrée chez moi, traversant les pâturages des vaches qui entouraient ma cité, longeant un chemin planté de grands pommiers à cidre, sans penser à rien d'autre. Comment pouvais-je débusquer ce centre? La question me poursuivait et je ne trouvais pas. Après le goûter, j'étais redescendue profiter de la fin de la journée avec les amis du quartier. Rien à faire, je n'avais que mon centre en tête. J'avais entrepris d'expliquer mon problème, qui laissait tout-à-fait indifférents mes camarades. Mais un grand disque de graviers, au carrefour d'un chemin piétonnier de la cité, m'avait inspirée: trois amies avaient gentiment pris place sur sa circonférence, patientant le temps de ma réflexion, et j'avais compris: le centre est aussi éloigné de Linda que de Sandrine, et aussi éloigné de Sandrine que de Christelle. Oui, bien, sûr, les médiatrices, et hop! J'avais remercié mes amies en sautillant et couru jusque chez nous. En quatre arcs de compas et deux traits de règle le problème était résolu. Quelle simplicité, quelle victoire! Cela m'avait mise en joie!

Près de quarante ans plus tard, ce sont d'autres escaliers que je gravis, mais le même bureau devant lequel je m'assois: le bureau sur lequel a longtemps travaillé mon papa, puis moi, puis plusieurs de mes enfants. Ils ont quitté la maison aujourd'hui, et j'ai repris le bureau à mon usage. Un compas, une règle, les mêmes gestes. Le procédé n'est plus du tout mystérieux, mais toujours aussi satisfaisant. Trois points, deux médiatrices, un candidat pour être le centre, si cercle il y a. J'empoigne mon compas, je pointe, je pose la mine… Le cercle que je trace suit exactement l'arc-en-ciel. Je suis stupéfaite: je ne pensais pas que cela se produirait. Je reste médusée. Est-ce un invariant? Ou ce que je vois dépend-il de ma position? Il me faut un autre arc-en-ciel!

Une question résolue, tant d'autres qui naissent…

La calculacoccinelle

Au printemps, une inspection s'impose: les pucerons attaquent tôt et dévorent certaines plantes, qu'ils semblent affectionner particulièrement. C'est le cas des chèvrefeuilles qui couvrent le mur longeant une partie du jardin, entre le saule et l'abri à outils.

Dès le mois de mai, selon la météo, les pucerons s'attellent à se nourrir de la sève des deux grands chèvrefeuilles. Ils ne sont pas encore fleuris, mais c'est le moment de l'attaque des pucerons. Alors tous les ans nous luttons, eux et moi, de la façon la plus naturelle possible, pour préserver le jardin et ses autres habitants. Cette année, les chèvrefeuilles sont en avance, et les pucerons aussi. Des grappes noires couvrent déjà les tiges et le dessous des feuilles. Mais c'est sans compter avec un autre insecte printanier: la coccinelle, qui est la terreur des pucerons dont elle se régale. Je furète dans tout le jardin, aux aguets de la demoiselle coléoptère. J'en trouve trois, pour aujourd'hui. Je les fais voyager doucement, soucieuse de ne pas les voir s'envoler, pour les amener jusqu'aux chèvrefeuilles. Si elles pouvaient, en plus de faire un bon repas, pondre leurs œufs, leurs larves m'aideraient aussi à sauver les fleurs odorantes du chèvrefeuille. Je me souviens avoir lu qu'une larve consomme entre 200 et 800 pucerons. Une coccinelle pondant environ un millier d'œufs au cours de ses trois années de vie, cela fait beaucoup de pucerons à digérer… Une fois adulte, la coccinelle mange quotidiennement 40 à 200 pucerons. Le nez devant les coccinelles que j'ai posées sur les tiges des chèvrefeuilles, j'effectue un rapide calcul: sans compter les larves, qui peut-être n'éliront pas domicile ici, si

◐ Mes trois petites coccinelles festoient déjà. Je les observe plus attentivement, à présent. Elles sont toutes les trois à sept points.

mes trois coccinelles restent une semaine, combien puis-je espérer de pucerons dévorés? La moyenne de 40 et 200 est 120. Misons sur 100 pucerons par jour, pour être raisonnable, et pour pouvoir calculer simplement. Trois coccinelles, une semaine, cela donne 21 000 pucerons de moins en peu de temps. Par ailleurs, je n'ai aucune idée du nombre de pucerons qui vampirisent mes plantes, mais ils doivent être terriblement nombreux. Quoi qu'il en soit, ces coccinelles sont incroyables!

Leur forme hémisphérique, leur couleur rouge pimpant et leurs points les rendent originales et amusantes, mais ce sont des tueuses. Je n'aimerais pas être un puceron... Mes trois petites coccinelles festoient déjà. Je les observe plus attentivement, à présent. Elles sont toutes les trois à sept points. Ces points ne sont pas exactement aux mêmes endroits, de la même forme ou de la même taille, mais ils sont répartis de façon similaire: trois points sur un élytre, trois points sur l'autre, et un à cheval sur les deux. C'est curieux, cette répartition. En mathématique, on appelle cela une constellation: c'est une organisation d'objets similaires. En astronomie, c'est un peu la même chose: le terme désigne un groupe d'étoiles à l'aspect reconnaissable. Les dés avec lesquels on joue en sont un exemple. Les coccinelles ne doivent pas compter en base 5 ou en base 10: si j'avais 7 points à représenter en constellation, je choisirais d'en placer 5 sur un élytre et 2 sur l'autre. Ce choix est lié à notre base de dénombrement, c'est-à-dire au fait que nous faisons préférentiellement des

paquets de 10 unités. C'est sans doute parce que nous avons 10 doigts que ce choix est pratique, mentalement et pour représenter les petits nombres sur les mains. Et comme 5 est la moitié de 10, comme sur chaque main nous disposons, si tout va bien, de 5 doigts, les groupes de 5 unités, sont des repères pour nous. Pas pour les coccinelles. En y réfléchissant, les coccinelles ont 6 pattes, comme tous les insectes... Alors comptent-elles en base 6? Ce serait cohérent: 3 points, encore 3 points, donc une «dizaine» pour la coccinelle (une «sixaine», plutôt), et le point en plus vient à part, en unité supplémentaire. Mon esprit vagabonde et j'imagine les coccinelles dénombrant les pucerons dévorés en levant leurs petites pattes.

Allez, il est temps de cesser ces fantaisies et de chercher d'autres coccinelles. À mon avis, ces trois-là risquent l'indigestion, faute de renforts.

Le déplacement trigonométrique des chenilles

Ce printemps est capricieux et assez tumultueux: il pleut, beaucoup, souvent, de façon imprévisible. Il fait parfois aussi brusquement lourd, jusqu'à l'orage. Il est difficile de profiter pleinement du jardin, en tout cas sans être mouillé. Mais cet après-midi, il semble que je puisse bénéficier d'une accalmie. Je sors donc pour y fureter: où en sont les pommes et les poires à venir, et les framboises, les groseilles et les mûres? Les glycines tiennent-elles bien sur les câbles que nous avons tendus pour qu'elles s'épanouissent? Les rosiers sont-ils prolifiques? La clématite prépare-t-elle autant de boutons que l'année dernière? Le liseron laisse-t-il respirer les hellébores? Mon jardin vit sa vie librement, mais tout de même, il a aussi besoin qu'on l'accompagne et qu'on veille sur ses habitants. Je fais le tour. L'herbe est très haute: impossible de la tailler avec les pluies fréquentes. Même si nous la laissons toujours assez longue pour préserver la faune du sol et conserver de l'humidité, elle est cette fois tellement haute que tondre ne sera pas possible. Il faudrait faucher. Le chien semble gêné par cette pelouse fantasque. Il n'aime guère se mouiller les pattes. Mais l'heure n'est pas au fauchage, me semble-t-il. Je poursuis ma visite.

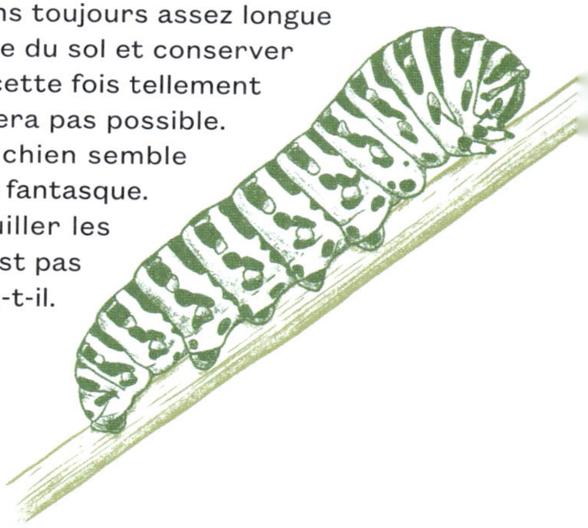

Un mouvement attire mon regard sur une grande plante de la prairie fleurie: sous le saule, une vaste zone est longtemps restée nue. Et puis des graines de plantes folles ont accepté d'y pousser et le sol autour du grand arbre est maintenant couvert d'un capharnaüm végétal. J'ignore ce que sont la plupart de ces plantes; je les identifierai lorsqu'elles fleuriront, sans doute. À moins que ce soient de mauvaises herbes qui profitent d'une usurpation d'identité. Sur une feuille épaisse, une petite sinusoïde se translate. Je m'approche. Son mouvement est fluide, et si la chenille n'ondule pas très haut, elle suit bien la représentation d'une ligne trigonométrique. Préfère-t-elle le sinus ou le cosinus? Avec ses jolis petits points noirs et orange sur fond vert pâle, je penche pour le cosinus: il a toujours été mon préféré. Même si une simple translation les sépare, le cosinus est pour moi plus doux. Le sinus traverse l'origine du repère quand le cosinus fait le dos rond. Et puis le cosinus est pair, c'est-à-dire que le cosinus d'un nombre ou celui de son opposé sont égaux. Le sinus, lui, est impair: il rejette le signe «–» du nombre auquel il s'applique avec une froideur que je trouve désagréable. La petite chenille colorée n'en a cure: elle poursuit son déplacement périodique avec une belle détermination, le long de la tige de la plante à présent. Puis elle disparaît dans la végétation du sol.

◐ Le sinus traverse l'origine du repère quand le cosinus fait le dos rond.

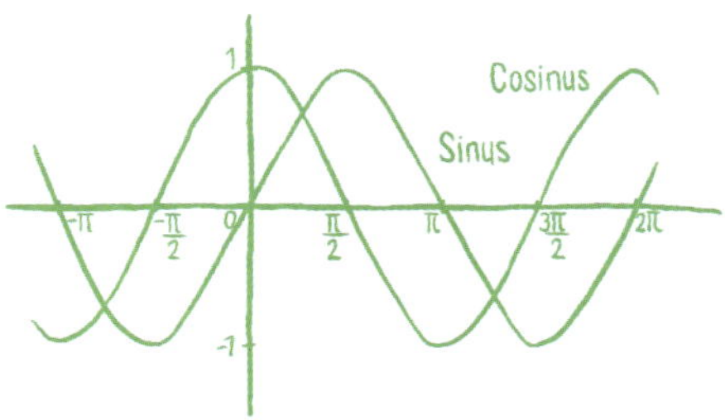

La nature n'a pourtant pas de règle ni de compas...

Hier, le vent a soufflé fort. Dès l'après-midi et pendant toute la nuit, les arbres ont subi les assauts de rafales obstinées. Ce matin, tout est redevenu calme. Après avoir bu un thé bien chaud, je sors remettre en place les fauteuils, qui ont roulé au beau milieu du capharnaüm végétal qui tient lieu de pelouse. La nature est toute décoiffée. Aragorn et Gimli, les deux chats qui ont passé la nuit dehors, se sont précipités à l'intérieur au petit matin, et récupèrent de leur nuit agitée, roulés en boule, ici et là. J'ai bien envie d'aller voir la plage, après ce gros coup de vent. Je sors par le trou dans la haie où est installée la petite barrière en bois. Il me faut peu de temps pour rejoindre les escaliers et apercevoir la plage. Elle aussi est toute tourneboulée. Nous avons beau être au printemps, le vent qui l'a remuée n'était ni doux, ni paisible. Des débris jonchent l'étendue de galets: des morceaux de bois flotté, des restes de filets de pêche, des pontes de bulots, mais aussi des déchets non marins. J'enjambe le muret de la promenade et je traverse l'étendue de galets vers la langue de sable découverte par la marée basse. J'aime le bruit des galets quand on marche

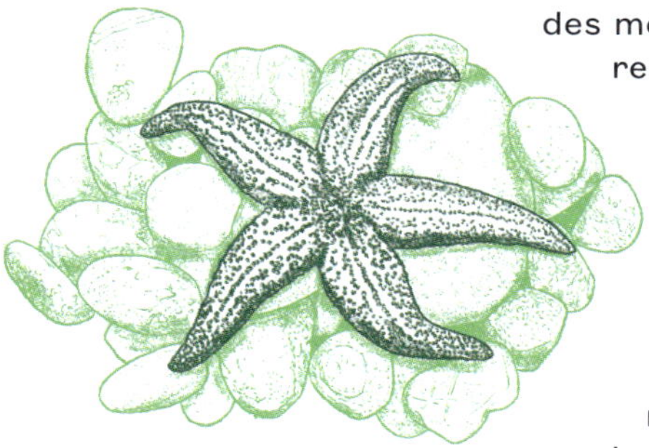

dessus. Je veille à garder l'équilibre, car tout est instable après ce grand chamboulement tempétueux. Une petite dune de galets s'est formée. Je prends mon élan pour la gravir, puis je m'élance, de profil et pieds en avant, pour la redescendre de l'autre côté en glissant sans tomber. Le sable est constellé de formes que je distingue mal.

Mais je m'aperçois que les mêmes formes parsèment la bande de galets la plus proche de la mer: ce sont des étoiles de mer, projetées là sans doute à cause de la tempête. Cela se produit parfois, malheureusement. Triste spectacle... Je m'accroupis près de l'une d'elles. Elle est rosâtre encore, avec ses cinq branches bien régulières, recourbées en petites arabesques au bout: un beau pentagone étoilé. Cela rend la plage triste, alors je repars. En rentrant, je passe la grande barrière et Roucky court vers moi, bondissant de joie. Une délicieuse odeur parfumée m'arrête. Le long de l'entrée du jardin, il y a un jasmin que nous avons planté l'année dernière. Il s'y est tout de suite plu, et aujourd'hui il est en fleurs. Je me penche pour en humer les effluves. Quel délice... C'était le parfum de mon thé avant de partir à la plage, justement. Tiens, ses fleurs blanches sont comme les étoiles de mer: pas cinq branches, mais cinq pétales. Le départ de chaque pétale semble tourner un peu autour du cœur de la fleur, puis se déploie tout droit, en s'enroulant sur lui-même. Les angles qui séparent les pétales semblent égaux et les pétales de même longueur: on dirait bien qu'un pentagone régulier se dessine de nouveau.

Cette fois, je ne le vois pas étoilé: alors que les branches de l'étoile de mer formaient elles-mêmes des cônes, les pétales de la fleur de jasmin ne s'affinent pas aux extrémités. La figure que cela m'évoque est donc cette fois convexe, c'est-à-dire tournée vers l'extérieur. En fait, convexe signifie que si on choisit deux points de la figure et qu'on les relie, le segment formé demeure dans la figure. L'étoile de mer

◐ Tracer un pentagone régulier n'est pas facile du tout, si on se limite à la règle et au compas.

formait clairement un pentagone concave. C'est curieux, cette nature qui décide de dessiner des pentagones: tracer un pentagone régulier n'est pas facile du tout, si on se limite à la règle et au compas. Car on peut choisir la solution de facilité et se saisir d'un rapporteur: 360° ÷ 5 = 72°. On se donne un point qui sera le centre du pentagone, on trace un segment entre ce centre et le premier sommet du polygone, puis on continue en tournant de 72° à chaque tracé. Mais ce n'est pas drôle. Quand nous construisons des figures géométriques, nous aimons les réaliser à la règle non graduée et au compas. Il nous faut réfléchir aux relations entre les différents éléments de la figure, penser un algorithme de construction élégant, démontrer qu'il est exact. D'un féru de mathématiques à un autre, les avis divergent quant à l'esthétique de telle ou telle construction. Pour construire un pentagone régulier, on en appelle généralement au nombre d'or, de façon plus ou moins explicite. Pour ma part, j'aime la construction qui s'inscrit dans un cercle, à coups de perpendiculaires, d'un milieu, de droites et d'arcs de cercle qui s'intersectent. Je la trouve simple, fluide, et même si la figure fait apparaître des triangles d'or ou d'argent, le nombre d'or n'est pas explicitement convoqué.

Ce jasmin sent si bon. Je vais de nouveau infuser un thé avant de retourner travailler.

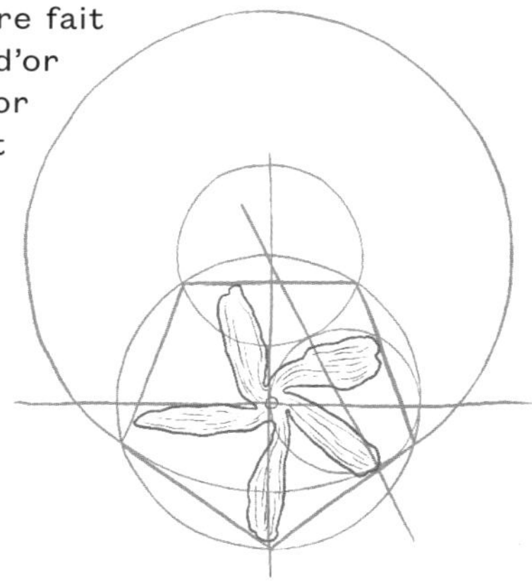

Rosaces des sables

Le printemps est pour moi la meilleure saison pour dessiner dans le sable. Comme la plage toute proche est faite de galets, je ne peux pas me livrer longtemps à cette activité: il faut que la mer soit suffisamment basse pour libérer une vaste étendue de sable, mais elle remonte vite. Mes œuvres mathématico-artistiques sont donc encore plus éphémères que sur des plages intégralement sableuses. Qu'importe: tout ce sable est bien trop tentant, support mouvant, vaste, malléable mais exigeant. Il constitue comme une immense feuille prête à recevoir la plus belle géométrie. Cela demande de trouver les bons outils. Je n'ai pas dessiné dans le sable depuis quelques années, happée par les diverses obligations dont la vie est faite, et puis par mille et une nouvelles idées. Au détour d'une conversation avec les enfants des voisins du bout de la ruelle, j'ai évoqué ces dessins. J'ai alors vu dans le regard de ces trois enfants une jolie flamme s'allumer, aussi rousse que leurs beaux cheveux. Nous avons pris rendez-vous, et c'est aujourd'hui. Le temps s'y prête parfaitement: doux, humide, nuageux juste un peu, suffisamment ensoleillé.

Je suis allée relire et admirer encore les travaux d'un enseignant formateur de mathématiques, Erik Kermorvant, qui y fait référence: il a déjà tracé sur le sable des figures géométriques géantes, jusqu'à 120 mètres de diamètre. Je ne vois pas aussi grand, surtout pour une première fois. Mais grâce à lui, je peux me fixer des objectifs et je sais de quel type de matériel j'ai besoin. J'ai admiré les œuvres que ses amis, ses élèves et lui ont réalisées ensemble, et j'ai dessiné quelques croquis. Les mathématiques se partagent, se diffusent et vivent aussi grâce à la passion et à la générosité de ses amateurs et amatrices.

◐ Le théorème de Pythagore est une histoire d'aires.

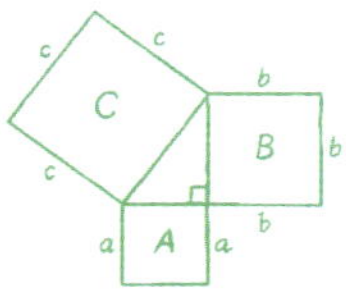

$a^2 + b^2 = c^2$

J'entends les enfants arriver dans le jardin. Ils me trouvent plongée dans le bazar de l'abri et me montrent fièrement qu'eux aussi ont pensé à emmener du matériel. Ils sont équipés de flèches pour faire du tir à l'arc, de râteaux de plage et d'un drôle de bâton qui pourrait en effet être très pratique. Je nous dote, en plus de quelques outils de jardinage, de piquets de tente, d'un balai et surtout de cordes à treize nœuds de différentes longueurs. Pourquoi treize? Ces cordes sont ordinaires, mais j'ai réalisé des nœuds à espaces réguliers, sur chacune d'entre elles. Cela nous permettra de mesurer sans recourir aux unités habituelles et presque sans calcul, de marquer des milieux, de tracer des cercles, mais aussi de tracer des angles droits, grâce à ces 13 nœuds et au triplet pythagoricien (3; 4; 5). En effet, d'après le théorème de Pythagore, comme $5 \times 5 = 4 \times 4 + 3 \times 3$, un triangle de côtés longs respectivement de 5, 4 et 3 unités est un triangle rectangle. Or avec mes treize nœuds je dispose de 12 unités sur la corde, assez pour former un tel triangle. En plus de pouvoir mesurer ou dessiner des angles droits, nos cordes seront utiles pour tracer des cercles.

Les enfants sont prêts, moi aussi. Nous emportons les sablés que j'ai préparés, de l'eau, et en route. Ils ont l'air tout à leur joie à l'idée de faire de la géométrie sur la plage. À notre arrivée sur la promenade, je propose que l'on s'assoie un moment: pour faire de belles mathématiques, il faut décider de notre objectif, des moyens que nous nous donnerons, définir un plan et attribuer les missions à chacun, pour être sûrs de travailler ensemble et de concert. C'est cela, l'activité mathématique: imaginer en laissant libre cours à sa créativité, anticiper, planifier, communiquer, réaliser et vérifier à chaque étape. Pour ce qui est de l'objectif, les enfants sont rapidement d'accord: c'est une belle rosace qui les attire tous les trois. Alors nous observons cette rosace: même si mon croquis est réalisé à main levée, les enfants comprennent tout de suite que les lignes sont régulières. Des cercles, me disent-ils. En effet, la figure est constituée d'une multitude de cercles. Mais comment les définir? Nous débusquons leur centre, nous repérons les liens entre eux, les relations entre les rayons, les points d'intersection ou de concours. Nous déconstruisons la figure pour mieux la reconstruire sur le sable. Les enfants sont surpris: ils ne voient plus la rosace, à présent; ils voient des objets mathématiques qui interagissent. Ils ont le regard mathématique. Mais en faisant un petit effort, la rosace réapparaît. Le voilà, le pouvoir du mathématicien: comprendre sans rien perdre de la beauté et de la poésie. Accéder à des strates différentes de la réalité, grâce à l'imagination.

Les consignes ont été réparties. Les enfants ont à peine besoin de mon aide. Planter des piquets, tendre la corde. L'une tient fermement la corde au centre du cercle, l'autre la tend et tourne autour de sa sœur, le plus jeune vérifie que la tension ne se relâche pas. Ils se déplacent légèrement, nus pieds pour marquer le moins possible le sable autour de leur œuvre en devenir. Je les encourage, à distance: cette rosace à peine ébauchée leur appartient déjà. Ce sont leurs mathématiques à eux. Tenaces et persévérants, ils mettent le plan à exécution. D'autres les rejoignent et proposent de l'aide. Ils acceptent, distribuent de nouvelles tâches, deviennent à leur tour les chefs d'orchestre de ces petits groupes. Une fois la figure tracée, il reste à ratisser le sable des zones qu'on veut faire apparaître, par contraste avec d'autres. Un monsieur âgé s'arme d'un râteau de plage, des jeunes soudain intéressés par notre défi jouent du balai et du râteau à feuilles. Une maman, sans que personne ne lui ait rien demandé, s'applique à ôter le sable des instruments qu'on lui apporte quand ils ne marquent plus assez.

Tout est allé vite, finalement. Ces cercles qui s'entrecroisent, ces zones adjacentes qui s'opposent par le jeu du

◐ Ces cercles qui s'entrecroisent, ces zones adjacentes qui s'opposent par le jeu du sable qu'on a retourné, ces points équidistants, ces portions de disque… C'est éblouissant.

sable qu'on a retourné, ces points équidistants, ces portions de disque… C'est éblouissant. Nous restons là, à partager les gâteaux en commentant ces magnifiques mathématiques de plage. Les ouvriers et inventeurs échafaudent de nouveaux projets, se donnent rendez-vous pour une autre réalisation. J'ai passé un relais. Cette géométrie en plein air vivra autrement maintenant, par d'autres yeux, et se diffusera encore.

En attendant, je reste assise sur le muret de la promenade. Les petits voisins sont revenus, après être rentrés déjeuner. Leur maman nous a rejoints et nous regardons la mer remonter. Elle s'approche, puis recule, comme si elle hésitait à couvrir notre œuvre mathématique. Et puis, elle semble prendre une grande respiration et mord sur la rosace, d'une grande langue de mer. En se retirant, elle en a mangé une partie. Mais les enfants trouvent cela joli, et ils ont raison: notre œuvre était éphémère par essence, et la mer l'emporte petit à petit, mais harmonieusement. Des centres, des cercles, des arcs, des portions de plan sont encore visibles, mais pour peu de temps. Bientôt, tout sera immergé, et l'immense terrain de jeu mathématique nettoyé, pour pouvoir recommencer autrement.

Tout est nombre

Il fait doux et assez beau. Je suis descendue à la plage pour profiter de cet air printanier. Je projetais de longer la promenade, et puis je me suis avancée sur l'étendue de galets, pour finir allongée à contempler les nuages blancs qui défilent rapidement, poussés par le vent, au son des vagues. L'air est salé et humide. Un rayon de soleil m'apporte de la douceur, promesse de jours qui vont se réchauffer en même temps qu'ils s'allongent. Souvent les gens n'aiment pas les galets. C'est vrai qu'une plage de galets n'est pas très confortable pour qui veut y rester longtemps. Mais elle est si belle... Et je ne demeure jamais bien longtemps en place, de toutes façons. Les couleurs et leurs formes variées en font une mosaïque mouvante. La mer qui va et qui vient amène ou reprend ses galets. Des collines se forment, aplanies naturellement ou par le passage d'engins.

Je tends la main pour saisir un galet que je porte au-dessus de mon visage. J'ai attrapé un galet rouge, à la surface rugueuse, constellée de petites dépressions. C'est une ancienne brique, pratiquement rectangulaire mais toute plate: si la mer ne l'avait pas autant érodée, ses côtés se rejoindraient en de véritables sommets et non par ces courbes douces. J'examine ce galet, je le retourne, j'en touche soigneusement la surface pour ressentir sa texture. Un 3, ce galet est un 3. C'est évident. Il est rugueux comme tous les nombres impairs, et puis le 3 est rouge. Je le repose.

C'est un jeu que je pratique en moi-même depuis l'enfance: associer les galets à des nombres, en fonction de leur forme, leur couleur, leur texture. Cette activité tout à fait inutile m'absorbe et me satisfait. Les nombres sont des concepts qui, dans mon esprit, sont associés à des textures,

◐ Un 3, ce galet est un 3. C'est évident. Il est rugueux comme tous les nombres impairs, et puis le 3 est rouge. Celui-ci est un 4: sa forme est assez régulière, comme tous les nombres pairs.

des couleurs, puis, enfin, à des formes. Je me redresse et je regarde tout autour de moi. Celui-ci est un 4: sa forme est assez régulière, comme tous les nombres pairs. Il est lisse, mais pas tout à fait. Mon doigt qui passe sur sa surface glisse presque partout, mais les tout petits creux me distraient. C'est bien pour cela que c'est un 4: il est lisse, mais moins que les autres nombres pairs.

Allez, je cherche. Oh, un 8! Un galet beige kaki, lisse, bien sûr, avec des lignes comme gravées à sa surface: de légères lignes, qui forment des motifs à peine visibles; ces fissures sont celles d'un 8, ce que me confirme sa forme enflée d'un côté. Plus coloré, plus régulier, il aurait pu être un 6, peut-être. Là, cet étrange caillou: je vois un 0. Le 0 a beau être pair, il est une exception à la règle: il est différent, voilà. Il n'est ni lisse ni rugueux: il est jaune beige, plutôt ovale, strié de veines noires, avec une crevasse ourlée de blanc qui le traverse aux deux tiers. Il ne ressemble à aucun autre mais, sans lui, la plage serait incomplète. Il est la fantaisie tranquille.

◐ Les nombres sont des concepts qui, dans mon esprit, sont associés à des textures, des couleurs, puis, enfin, à des formes.

Je vais devoir rentrer. Je voudrais trouver un 5, mais je n'y arrive pas. Le voilà! Le 5 est un galet un peu rêche, mais tout rond: c'est le nombre impair le plus proche des nombres pairs. Les autres impairs ont quelque chose d'aigu, mais pas le 5. Celui-ci est gris, d'une circularité presque parfaite, plat. Ce serait sans doute un bon candidat aux ricochets, mais je ne maîtrise pas cet art. C'est bien dommage: voilà encore une activité hautement mathématique, qui met en jeu différents paramètres pour générer le mouvement du caillou. J'ai lu un article sur les travaux d'un physicien, à ce sujet, qui a montré qu'une pierre de 10 cm de diamètre, lancée à 40 km/h en lui impulsant un mouvement qui la fait tourner 14 fois sur elle-même en une seconde, réaliserait des ricochets formidables, rebondissant sur la surface de l'eau entre deux arcs de parabole. Et pour cela, un galet 5, c'est parfait.

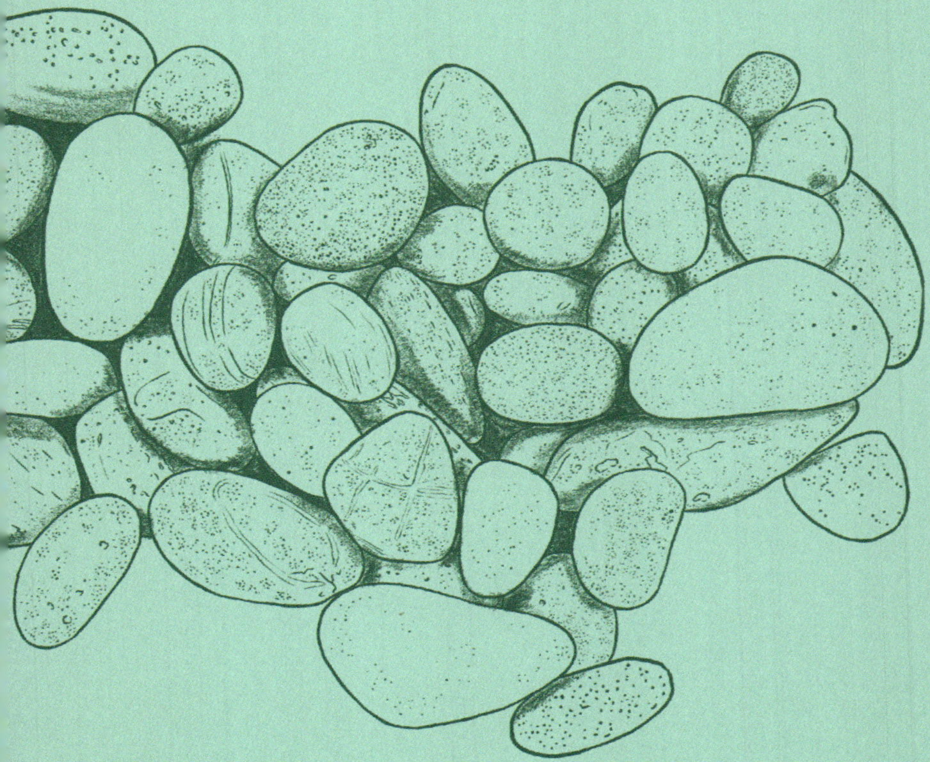

été

Géométrie des mauvaises herbes

L'été est arrivé. Ce matin, je suis assise sur le bord de la terrasse. J'observe, j'écoute. Il fait encore frais : il est tôt. Les jours ont recommencé à raccourcir, mais le Soleil est levé à l'heure où j'inspecte mon coin de nature, avant de me lancer dans la suite de ma journée.

Les hautes herbes remuent près du puits, en direction du grand saule. En me redressant, j'aperçois le dos de Gimli. C'est un chat roux, un animal indépendant, vigoureux, qui lui aussi se livre à son inspection matinale. Comme la tondeuse est cassée, l'herbe a poussé de façon déraisonnable. Elle accueille toute une faune qui peut-être se croit discrète, enfouie dans les longs et épais brins verts, mais à tort : l'herbe s'écarte et ondule au passage des uns et des autres.

Les pissenlits sont à la fête. Ils se sont multipliés avec enthousiasme. Après avoir émaillé le jardin de taches jaune orangé, ils sont passés à l'étape suivante, prêts à conquérir plus d'espace encore. Leurs floraisons éclatantes se sont fanées pour se transformer en une multitude de petits parapluies duveteux. Au prochain souffle de vent vigoureux, les graines s'envoleront pour se déposer ici ou là, dans ce même jardin ou chez les voisins, dans l'allée en contrebas ou encore contre le mur de briques. Mais pour le moment, ces plantes forment de merveilleuses configurations géométriques, tout à fait extraordinaires : vues du dessus, elles donnent à voir des hexagones, des cercles concentriques, des rayons et des diamètres, des spirales, évoquent des fractales ou des dessins kaléidoscopiques. Lorsqu'on les regarde de face, le Soleil y dessine des arcs de cercles cotonneux.

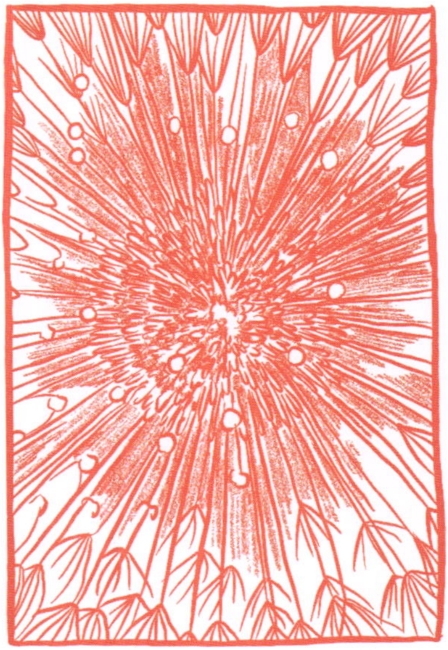

◐ La nature reste éblouissante, même expliquée.

Les tiges qui relient encore les graines au pissenlit semblent tracer des segments bien délimités. Et selon la perspective qu'on adopte, les aigrettes forment une surface courbe qui délimite une sphère douce et blanche, ou des figures en deux dimensions d'une complexité parfois stupéfiante.

Cette géométrie des pissenlits n'est pas leur seule tendance mathématique: le vol des akènes, le fruit qui abrite la graine de la prochaine génération de colonisateurs, a été étudié scientifiquement. Des chercheurs ont analysé les mouvements d'air au-dessus des pappus, les parapluies qui permettent l'envol. Ils ont identifié des tourbillons annulaires, comme le font des ronds de fumée. C'est la géométrie des pappus et la répartition des filaments qui les composent qui permettent la création de ce vortex, à distance du pappus. Le tourbillon modifie les zones de pression atmosphérique et entraîne l'élévation de l'akène, qui peut alors voyager plus loin. Pourquoi d'éminents chercheurs se sont-ils penchés sur les pissenlits, alors que nous avons surtout pour préoccupation de les éliminer du jardin? Pour comprendre, tout simplement.

La nature reste éblouissante, même expliquée. Elle est même encore davantage source d'émerveillement lorsqu'on se rend compte combien ses fonctionnements sont complexes et sophistiqués. Et puis, à chaque nouvelle découverte, les chercheurs font des liens: les pissenlits qui essaiment permettront de réaliser des progrès dans le domaine de la conception de drones, sans doute. Pour moi, du bord de ma terrasse, ils sont pour le moment juste magnifiques, et les alliés des pollinisateurs.

Les ailes de Turing

Le Soleil se dévoile un peu, et me réchauffe. C'est bien un soleil de début d'été, plus affirmé qu'il y a encore quelques semaines. Je devrais me lever, vaquer à mes occupations, me dépêcher. Mais après tout, ne pourrais-je pas aussi choisir de rester encore un peu là, de profiter de cette belle nature? Je n'aperçois plus le chat. Peut-être a-t-il grimpé dans le saule, à la poursuite d'oiseaux. Ou bien peut-être a-t-il déniché un coin confortable, caressé par un rayon de soleil qui le plonge dans une douce torpeur.

Un son aigu et répétitif attire mon attention. Un petit oiseau se tient sur le muret qui ceint la maison. Ce n'est pas la première fois que je le vois, lui ou un de ses congénères. Je l'ai observé, sautillant dans l'herbe ou sur le chemin de pierre, avec sa démarche caractéristique, et le mouvement si singulier de sa queue lorsqu'il s'arrête. Il m'intrigue depuis des semaines, des années même: d'autres étés, j'ai tenté de le prendre en photo pour retrouver son espèce. Mais il est comme insaisissable. Alors je reste immobile et je le contemple. Il s'envole du chaperon du mur de briques pour se poser sur une dalle, devant moi. Je suspends jusqu'à ma respiration. Le ventre de l'oiseau est jaune, son dos marron ou kaki. Des rangs de plumes sombres forment des vagues soulignées de blanc sur ses flancs. Sa queue plate et longue est faite de ces mêmes plumes. Je me demande comment les motifs des plumes, comme ceux des ailes de papillon, se forment.

Je sais que des modèles mathématiques permettent d'étudier et de catégoriser les motifs apparaissant sur des plumages. Il me semble me rappeler un modèle, dit de Turing. Est-ce le même Turing que le célèbre mathématicien

◐ Le ventre de l'oiseau est jaune, son dos marron ou kaki. Des rangs de plumes sombres forment des vagues soulignées de blanc sur ses flancs. Sa queue plate et longue est faite de ces mêmes plumes.

et cryptologue? Sans doute... Ses mathématiques ont contribué aussi à des avancées en météorologie ou en médecine, alors pourquoi pas à l'étude des formes dans la nature? J'aime l'idée de Turing observant le vivant pour imaginer des modèles mathématiques dont d'autres scientifiques pourront s'emparer pour les interroger, les préciser, les adapter. Je l'imagine plongé dans des équations aux dérivées partielles qui s'appliqueront à des motifs de plumes, d'écailles, de poils, des lignes, des courbes, des taches, périodiques ou non. Je pense à tous ces scientifiques qui étudient la géométrie des dessins des plumes, le sens des bandes de couleur, leur largeur, mais aussi leur implantation, à la recherche de régularités ou de l'identification de l'aléatoire. Les mathématiques se nichent bien partout. Elles pensent des modèles qui nourrissent les autres champs de savoir. Mais attends, petit oiseau... Je te connais!

Mes divagations mathématiques sont brutalement interrompues. Un souvenir émerge dans mon cerveau, réminiscence mystérieuse d'un morceau d'enfance. Qui donc était à côté de moi? Mon arrière-grand-mère Germaine, ou bien mes arrière-grands-tantes Émilienne, Lucienne ou Marcelle? Je ferme les yeux. J'ai peu connu cette génération lointaine, mais je me souviens des jardins, déjà, alors que nous vivions en cité. Les fleurs, les arbres, des savoir-faire qui me fascinaient, petite citadine. Je ferme les yeux et je laisse les souvenirs affluer. Des gestes au jardin, des bouquets dans mes bras d'enfant au moment du départ, des biscuits orange que je n'aimais pas particulièrement, mais qui avaient le goût de ces visites, des chats dont j'ignorais s'ils étaient de la maison, des ustensiles cabossés dans la cuisine et, à côté du foyer, des odeurs d'intérieur de vieilles personnes mystérieuses, des mots en cauchois, en même temps familiers et étrangers. J'entends intérieurement une voix de femme âgée, un peu rocailleuse, mais calme et douce. Germaine, Marcelle? Je n'ose tourner mon souvenir vers elle, de peur qu'il s'évapore. Mais je vois un oiseau, le même que mon petit oiseau d'aujourd'hui. «Regarde, c'est un hochequeue.» J'ouvre les yeux. Je ne saurai pas qui me parlait, mais j'ai ma réponse. Elle était là, toutes ces années, dans ma mémoire, enfouie. J'ouvre les yeux. Le hochequeue est au bout du chemin. Il s'est éloigné, sans doute en sautillant, comme à son habitude. Il a ramené à moi une partie de mon identité. Je peux partir vers ma journée, à présent.

◐ Regarde, c'est un hochequeue.

Les exponentielles dans un hamac

Le bleu du ciel est visible, cet après-midi, en de larges pans. De gros nuages bien blancs se promènent et le traversent, poussés par des vents d'altitude. Ils atténuent un temps la morsure du Soleil, puis disparaissent. Il fait chaud, sans excès. Comme presque toujours, mon jardin est traversé par des mouvements d'air rafraîchissants. Aucune menace de pluie n'est visible. Je traîne le support métallique du hamac sous le magnolia, près du prunus, et je vais chercher la toile. Je la secoue soigneusement pour chasser d'éventuels visiteurs indésirables des replis du tissu, et j'en fixe une extrémité en la passant dans un des crochets. Je tends l'épais tissu gris foncé et je passe l'autre extrémité dans le deuxième crochet. D'abord tendu, il se détend en un joli arc de parabole. Je réfléchis, absorbée par la contemplation de la forme du hamac. Non, il y a un truc qui cloche. Mon cerveau essaie de me dire quelque chose, mais pas moyen de mettre le neurone dessus.

Je lâche prise, et je décide de profiter simplement de ce moment de détente. Un roman à poursuivre, un thé glacé à portée de main, les oiseaux qui chantent gaiement, les abeilles qui butinent les fleurs tous azimuts… Hop, je m'installe. Je sens le hamac qui bouge: il se balance latéralement. Le Soleil filtre par endroits, entre les feuilles du magnolia. Ça y est, je me souviens. Je me redresse et je pose mon livre. Ce n'est pas un arc de parabole, comme je l'ai cru longtemps. C'est une chaînette. J'ai déconstruit cette idée fausse de parabole lors d'une conférence à laquelle j'ai assisté, il y a de cela plusieurs hivers. J'avais été séduite par la belle équation cartésienne de la chaînette (fig. 1) exprimée avec des exponentielles, que je préfère au cosinus hyperbolique qui ne m'est pas familier. Mais on peut aussi choisir une équation paramétrique (fig. 2). Le nombre a est un paramètre qui dépend de la tension exercée et du poids, je crois. Les deux équations sont jolies, je trouve. Habituellement je préfère les équations paramétriques, mais le recours à l'exponentielle pourrait me faire préférer l'équation cartésienne. On a longtemps cru que c'était un arc de parabole que formaient les chaînes et les cordes. Mais non. On s'en approche, parfois de très près, selon les conditions, mais la chaînette est singulière. Elle est plus pointue que la parabole, même si elle reste courbe. D'illustres mathématiciens, comme les Bernoulli, ont travaillé sur cette question. Retournée, la chaînette est une courbe qu'on retrouve en architecture. Gaudí, qui aimait si peu les angles droits, en a utilisé dans ses constructions. Mais il n'a pas été le seul: la chaînette possède des propriétés qui réduisent la tension exercée au niveau de ses extrémités; c'est pourquoi elle est la forme idéale des câbles téléphoniques ou électriques, dont elle réduit le risque de rupture. Et à l'envers, elle dessine des dômes des plus solides, pour une question de répartition des forces exercées.

$$y(x) = \frac{a}{2} \times (e^{\frac{x}{a}} + e^{-\frac{x}{a}}$$

fig.

$$\begin{cases} x(t) = a \times \ln(t) \\ \frac{a}{2} \times \left(t + \frac{1}{t}\right) + C \\ t > 0 \end{cases}$$

fig.

Me voici soulagée: je peux continuer à me reposer. Encore que... N'ai-je pas entendu que la chaînette ne s'applique pas à des matériaux élastiques? Or la toile de mon hamac est naturellement élastique. Zut! Tant pis, je reprends mon repos là où je l'avais interrompu. Je lis un moment, et puis je m'interromps de nouveau. Je contemple le nuage qui passe au-dessus de moi. Le mot «nuage» est aussi un mot mathématique: on parle de nuage de points pour décrire un ensemble de points qu'on a placés dans un repère du plan. Les nuages à l'aplomb de mon hamac sont des nuages de gouttelettes sans doute, ou bien de cristaux. C'est très similaire aux nuages de points que je connais en

◐ J'avais été séduite par la belle équation cartésienne de la chaînette.

statistiques. Tiens, celui-ci ressemble au chiffre 3. La paréidolie m'est familière, mais avais-je déjà vu des mathématiques dans les nuages? Je ne crois pas. Celui-ci, on dirait un 8. Et ces traînées pourraient bien former un arbre de probabilité. Ce petit nuage tout bien rembourré semble posséder deux axes de symétrie perpendiculaires. Je reprends mon livre: à ce rythme, je ne le terminerai jamais.

Couronnes sphériques et pseudo-prismes hexagonaux rhombiques

Le temps est magnifique, aujourd'hui. Il fait chaud, peut-être même fera-t-il bientôt trop chaud. Il faudra, dans l'après-midi, se replier dans la maison. On fermera les volets pour éviter au Soleil de trop réchauffer l'intérieur, on ouvrira le soir venu pour rafraîchir, à l'heure où les chauves-souris volettent. En attendant, les arbres plantés il y a quelques années nous apporteront leur ombre, leur humidité, rempart de verdure bienvenu.

Pour l'heure, je profite encore. Comme chaque jour, je cueille les framboises mûres à point pour agrémenter le déjeuner, à supposer que les gourmandes et les gourmands de passage dans la cuisine en laissent d'ici à ce midi. Je tire doucement sur chaque fruit rose foncé, qui se détache de la partie verte conique qui les rattachait à la plante, le sépale. Accroupie face aux buissons qui portent les baies, contre le mur en brique, entre les pommiers et les poiriers, je laisse rouler deux framboises dans ma main. Comment les décrire?

Elles sont de formes différentes, finalement. L'une est plutôt sphérique, mais son cœur est creux. Comment nommer une telle forme? Une couronne? Non, une couronne est une forme plane constituée de deux cercles concentriques. Mais on peut parler de couronne sphérique, solide défini par la région comprise entre deux sphères concentriques. Cela

◐ Comment nommer une telle forme? Une couronne?

demeure approximatif: la petite couronne sphérique gourmande que j'ai au creux de ma main a en plus un orifice. Bon, admettons, c'est la meilleure description dont je dispose jusqu'ici. L'autre framboise évoque davantage un cône, mais lui aussi est en partie creux. Et puis il est arrondi au sommet, ce qui n'est pas très correct, pour un cône. Elles sont donc bien différentes, ces deux framboises. Mais un invariant les rassemble: elles sont composées de petites boules. Pas des sphères, cette fois, mais bien des boules: la sphère est une enveloppe, quand la boule est pleine. Ce sont deux formes composées par la répétition d'une autre forme géométrique. Maintenant que je les ai bien regardées, il faut me remettre à la cueillette: si j'analyse chacune d'entre elles, jamais nous n'en aurons assez pour le déjeuner; d'autant que mes cogitations mathématiques m'ont mise en appétit: ces deux-là sont pour moi, dès à présent.

En rentrant déposer dans la cuisine le bol rempli de belles framboises, je passe à côté de la clématite. Elle a fleuri plus tard que les années précédentes, cette fois, mais avec encore plus de vigueur, et demeure longtemps fleurie. Les abeilles s'affairent au cœur de ses grandes fleurs roses depuis plusieurs semaines. En voilà, des géomètres hors pair, paraît-il: lycéenne, j'avais lu dans mon manuel de SVT que les abeilles construisaient leurs alvéoles en forme d'hexagones dans les ruches, parce que cette forme était la plus «avantageuse» pour elles. L'encadré concluait au talent mathématique inné des abeilles. Mais ce n'est pas si simple. En réalité, si les alvéoles des abeilles sont hexagonales, c'est un coup de chance, mais les abeilles ne l'ont pas fait exprès.

◐ Les abeilles s'affairent au cœur des grandes fleurs roses de la clématite.

Depuis plusieurs siècles, les rayons, dans les ruches, se forment sur des cadres rectangulaires. L'idéal pour les abeilles est de ne pas perdre d'espace entre les alvéoles, d'utiliser un minimum de cire pour les parois et que les rayons contiennent un maximum de miel. Pour réaliser la première condition, il faut un polygone qui puisse paver le rectangle dans lequel elles construisent. Il n'y a que trois possibilités: le triangle équilatéral, le carré ou l'hexagone régulier. Parmi ces trois polygones, c'est l'hexagone qui est le plus économique en construction: si un triangle équilatéral, un carré et un hexagone sont inscrits dans un cercle de même rayon, l'hexagone a le plus petit périmètre. Mais il a aussi la plus grande aire. Autrement dit, la troisième condition est satisfaite dans la foulée.

◐ Les abeilles ne construisent pas les alvéoles en s'appliquant à tracer de beaux hexagones réguliers et mielleux; elles bâtissent autour d'elles un cylindre circulaire.

Toutefois, les abeilles ne construisent pas les alvéoles en s'appliquant à tracer de beaux hexagones réguliers et mielleux: elles bâtissent autour d'elles un cylindre de cire, un tube de base circulaire dont le diamètre correspond à la taille de l'abeille. Elles s'assurent que leur tube est bien en contact avec les six tubes voisins, puis frottent les parois, encore et encore et encore. Alors la température monte et la cire fond. En fondant, la paroi circulaire se déforme, et les lois de la physique produisent, apparemment, des hexagones parfaits. Ces hexagones ne sont que la forme de la section des alvéoles, leur entrée. Si on veut décrire l'alvéole entière, il faudrait alors plutôt parler d'un prisme droit à base hexagonale, obtenu à partir d'un cylindre de cire. Mais une fois encore, ce n'est pas aussi simple: si l'entrée de l'alvéole est bien hexagonale, le fond ne l'est pas. Il est formé de trois losanges identiques emboîtés. Cette forme étrange ne laisse pas le mathématicien démuni: on dit que le fond de l'alvéole est rhombique. «Rhombique» est l'adjectif qui désigne les polyèdres dont les faces sont des losanges. Mais alors plus question de désigner les alvéoles par des prismes: on ne dispose pas de bases identiques là où on pensait deux hexagones, et les faces latérales ne sont pas simplement des parallélogrammes. Après avoir baptisé mes framboises, je nommerais bien les alvéoles des abeilles gourmandes plongées dans les fleurs de clématite des pseudo-prismes hexagonaux rhombiques. Oui, voilà qui me plaît.

◐ Une abeille mathématicienne ?

De retour dans la cuisine, je songe aux abeilles pas si mathématiciennes que cela. Oui, mais… Si les abeilles ne sont finalement pas si fortes en géométrie, le sont-elles en calcul? Je me souviens de la lecture d'un article de magazine qui annonçait que les abeilles sont capables de compter jusqu'à 5, de manipuler le concept du zéro, de résoudre des additions et des soustractions élémentaires. Encore faudrait-il savoir ce que signifie manipuler le concept de zéro ou faire des additions. L'article concluait en tout cas que, selon certains chercheurs, les abeilles ne seraient pas en mesure de calculer à l'état sauvage, mais capables d'apprendre facilement. Pour d'autres, les abeilles pourraient savoir que leur ruche est située là où il y a deux arbres, après la troisième maison.

Ah tiens, en voilà une qui est entrée dans la maison! Est-ce une abeille mathématicienne, et comment vais-je la faire sortir sans encombre, pour elle comme pour moi?

La fulgurance de mes orages

Il fait lourd depuis plusieurs jours. Nos animaux sortent moins. Ils restent à la maison, accablés comme nous par la chaleur humide. La nuit n'apporte pas assez de fraîcheur pour refroidir l'intérieur. J'attends l'orage, impatiemment. J'adore les orages. Enfant, mon père physicien m'expliquait comment ils se forment et se déchaînent. Je me délectais par avance de ce moment, alors je réclamais mon explication, inlassablement. Différence de potentiel, ionisation, décharge électrique, je n'en perdais pas une miette. Mon père savait expliquer pourquoi le ciel se fend et pourquoi l'air craque. La magie n'était pas dans l'intempérie, pour moi; elle était dans le savoir. Pour compléter son explication ou l'approfondir, nous ouvrions des livres qui m'éclairaient différemment, et j'apprenais à chercher. Je lisais et relisais des phrases complexes et longues, habitées de mots difficiles. Tout ceci se produisait alors que l'air vibrait violemment, que tout s'illuminait sous l'effet des éclairs, que le pétrichor embaumait l'air de la cité dans laquelle de vastes étendues herbeuses séparaient les immeubles. Il ne me restait plus qu'à tendre la main par la fenêtre pour sentir les grosses gouttes s'écraser. Comme nous habitions en étage, je considérais comme un privilège de les interrompre dans leur chute, avant qu'elles ne s'évanouissent on ne sait où.

Alors j'attends l'orage, patiemment en apparence, mais fébrilement intérieurement. Je scrute les nuages gris foncé qui s'amoncellent, de plus en plus sombres, de plus en plus denses. Je reste attentive à tout ce qui m'entoure: l'air se rafraîchit-il? Le vent se lève-t-il davantage? Les oiseaux volettent-ils toujours, ou se sont-ils mis à l'abri? Le chien reste collé à moi, couché sur la terrasse. Les chats sont à l'intérieur. Ils doivent prévoir où ils se cacheront pour éviter de devoir sortir dans la soirée. Soudain, je crois avoir entendu un grondement. Je me saisis de mon téléphone et j'examine une carte des impacts de foudre, presque en direct. Ça y est, les orages remontent au nord, vers mon nord. Encore un effort et nous bénéficierons d'un magnifique spectacle, en plus d'une respiration climatique.

Un autre grondement. C'est trop vague, encore trop peu audible. J'attends. Je m'imprègne de ce moment suspendu, j'emplis mes poumons de l'air délicieusement odorant. Cette fois, le tonnerre est clair à mes oreilles. Je compte le temps séparant l'illumination de l'éclair de la perception du grondement. Neuf secondes. Le son se déplaçant en moyenne à 340 mètres par seconde, on peut estimer qu'il se propage à la vitesse d'un kilomètre par trois secondes. Mon orage se

◐ Les nuages gris foncé s'amoncellent, de plus en plus sombres, de plus en plus denses.

situe donc à trois kilomètres d'ici. C'est peu, à vol d'oiseau, trois kilomètres. Je pense aux endroits que j'aime et qui sont peut-être déjà directement sous l'orage: le bois aux jonquilles sous la pluie, la plage aux énormes rochers aux contours émoussés sous la grêle, la petite boulangerie qui fait des tartes aux poires de fisée à la Toussaint en proie à des vents violents... Un autre éclair, un autre grondement. Bien. L'orage se rapproche de moi. J'entends qu'on ferme un velux au deuxième étage. Je ferais bien de vérifier la porte de l'abri de jardin, qui s'ouvre si facilement et n'est plus bien solide. Encore un coup de tonnerre plus violent suivant rapidement le flash blanc de l'éclair. Cette fois le vent s'est levé et tournoie. Le saule fait la girouette, tendant ses branches flexibles en fonction de sa direction. En fait, l'éclair non plus, je ne le perçois pas immédiatement. Mais la lumière, elle, voyage à environ 300 000 kilomètres par seconde. 300 000 kilomètres, c'est 300 000 milliers de mètres, donc 300 000 000 mètres. On n'est pas loin d'une vitesse un million de fois plus rapide que celle du son. L'éclair m'arrive de ce fait presque au moment où il a été émis. Les premières gouttes tombent. Je lève le visage vers le ciel pour en profiter. Peu m'importe d'être trempée, je me sécherai. Je veux en profiter, avant de devoir rentrer: je sais le danger des orages. Encore un coup de tonnerre. La pluie redouble de violence. C'est l'après-midi et on se croirait au crépuscule. Tout a basculé si vite. J'imagine les ondes sonores qui avancent dans les intempéries. Leur vitesse n'est peut-être pas de 340 mètres par seconde, en ce moment: la température, la direction du vent doivent jouer un rôle. Je modélise l'orage selon ce que j'en connais, mais des paramètres m'échappent. Dans mon esprit, des ondes en arc de cercles concentriques se déplacent jusqu'à mes oreilles. La lumière va si vite, en comparaison, que je les pense laborieuses, luttant pour avancer. Mais je me rends compte que j'ai un problème de perception des grandeurs: 340 mètres par seconde, c'est environ un tiers de kilomètre en une seconde. Une heure correspond à 3 600 secondes. Je peux facilement diviser 3 600 par 3: le son parcourt à peu près 1 200 kilomètres en une heure. Ce n'est pas du tout laborieux, en réalité. Mais alors, je ne peux pas penser la vitesse de la lumière. Un million de fois plus vite que 1 200 kilomètres à l'heure, c'est trop pour mon cerveau.

Le temps d'effectuer mes calculs et de jouer avec mes ordres de grandeur, l'orage est presque sur le jardin. Je rentre: rester à la verticale dans le jardin pourrait, avec de la malchance, attirer la foudre sur moi. C'est peu probable, car les arbres et les paratonnerres du quartier se dressent bien plus haut, mais pourquoi prendre des risques? Je monte en courant les escaliers du premier étage et j'attrape une serviette pour épargner le parquet, sur lequel mes cheveux gouttent abondamment, puis je reprends ma cavalcade pour me poster devant la meilleure fenêtre pour observer l'orage: il me suffit de grimper sur le bureau pour m'asseoir sur le large rebord intérieur de la fenêtre. Je domine du regard le jardin, sauf le saule qui s'élève plus haut encore. Il semble en colère ainsi, comme un géant qui agiterait ses multiples bras dans un sens, et aussitôt dans un autre. Plus un oiseau ne vole, heureusement. L'orage se poursuit: des éclairs zèbrent le ciel de leurs ramifications. Ils forment des motifs incroyables, entre l'arbre probabiliste et des courbes représentatives de fonctions alambiquées. Ah non, pas de fonctions! Il y a des boucles et des retours en arrière, alors qu'une fonction avance résolument.

◐ Des éclairs forment des motifs incroyables, entre l'arbre probabiliste et des courbes représentatives de fonctions alambiquées.

Je reste là, perchée sur mon observatoire, tout le temps de l'orage. Les enfants sont tous grands et ont quitté la maison. S'ils étaient encore ici, je leur expliquerais l'orage. Mais je n'ai aucun doute: eux aussi, de là où ils se trouvent, se souviennent que je leur racontais l'ionisation et les différences de potentiel lorsqu'ils étaient enfants.

Le vol du goéland dans les nuages

◐ Les goélands font eux aussi des mathématiques, à leur façon.

Il fait chaud, ces jours-ci. Le ciel est parfaitement dégagé. Le Soleil a fait du ciel son domaine exclusif. C'est assez rare en cette saison en Normandie: je suis plus habituée au passage de jolis nuages rebondis ou à la protection d'une nappe fine de nuages cotonneux. J'aime ces nuages. Mais aujourd'hui, il semble qu'il faudra s'en passer. Cet immense ciel bleu et la gigantesque boule de plasma qui l'habite sont beaux aussi, tout de même. Alors je décide de sortir ce matin: la température est encore clémente. En revenant, je profiterai du hamac et d'un bon livre, et dès la fin de la matinée, je me retrancherai dans la maison, déployant de savantes stratégies d'ouverture ou de fermeture des fenêtres et volets pour garder de la fraîcheur.

J'appelle le chien. Toujours ravi à l'idée d'une balade, Roucky saute autour de moi. Dans le jardin comme le long du chemin, les végétaux me donnent l'impression de se comporter comme les humains: certains semblent s'épanouir, gonflés d'énergie, fleuris ou couverts de baies ou de fruits. D'autres souffrent, se recroquevillent, peinent à résister aux rayons chauds du Soleil. Le chemin lui-même est sec; il est pourtant fait de cailloux et de graviers. Mais dans leur façon de rouler ou de glisser nerveusement les uns sur les autres, on lit les effets de l'été.

La plage est calme. Il est assez tôt. Les vacanciers profitent encore du sommeil ou d'un petit-déjeuner prolongé, délivrés pour un temps de l'obligation de surveiller l'horloge. À cette heure les promenades sont encore autorisées pour les animaux. Nous nous approchons ensemble des vagues.

Roucky n'aime pas tellement les galets, mais la mer l'attire suffisamment pour ne pas rechigner à cette traversée. Nous déambulons un moment, pieds et pattes dans l'eau, avant de regagner une zone sèche pour nous prélasser côte à côte sous le Soleil matinal.

Je ferme les yeux. J'écoute le son de la mer, répétitif, doux, périodique. Lorsque je les ouvre de nouveau, une mouette traverse le ciel au-dessus de moi. Non, pas une mouette. L'oiseau est d'envergure et il raille, alors que la mouette serait plus menue et ricanerait. C'est un goéland, planant sur des vents invisibles, alors que je ne perçois aucun souffle.

Les goélands font eux aussi des mathématiques, à leur façon. Des chercheurs ont identifié chez eux un régulateur de flux optique, qu'ils ont modélisé sous la forme d'un champ vectoriel. Ce modèle mathématique permet de comprendre et de prévoir les variations de leur vol au-dessus de l'étendue de la mer. Grâce à des neurones spécialisés dans la perception visuelle du mouvement, les goélands utilisent l'image de la mer qui défile au-dessous d'eux, et particulièrement la crête des vagues. Le quotient de leur vitesse par leur altitude devient une constante: si la vitesse de l'oiseau change, le goéland régule automatiquement l'altitude, et inversement. Ces oiseaux impressionnants par leur carrure et leurs cris, mais aussi par leur brusquerie parfois, sont ainsi équipés d'un pilote automatique mathématique: fraction, grandeur-quotient, proportionnalité, ajustements pour conserver une constante... L'oiseau optimise ainsi les dépenses de l'énergie consommée par son vol.

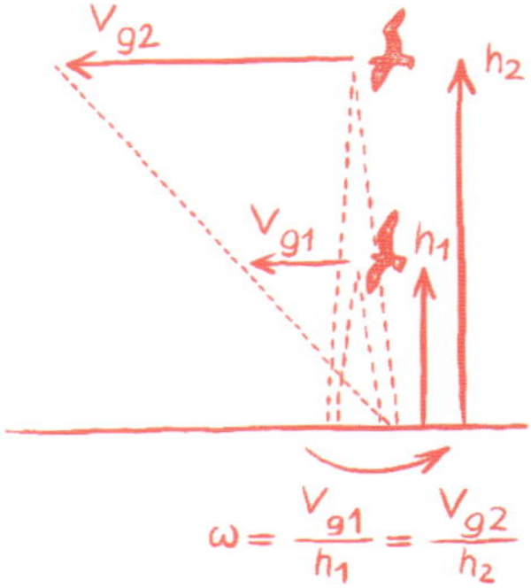

◐ Un schéma de Franck Ruffier.

Je reste encore un peu là, allongée sur les galets. Je suis bien. À mes côtés, le chien profite. J'imagine qu'en rentrant, il voudra s'étendre sur le carrelage frais de la cuisine, et qu'au bout d'un moment, il retournera cuire son poil épais dans le jardin, alternant consciencieusement les phases de chaud et de frais. Le Soleil est déjà monté dans le ciel. Je vois ses rayons l'entourer, du coin de l'œil.

C'est étonnant, dans le fond, cette expression «rayon de soleil»: pour l'amatrice de mathématiques que je suis, il est curieux qu'un rayon de soleil soit en fait une demi-droite dont l'origine est située sur la surface du Soleil. Un rayon de soleil ne devrait-il pas être strictement le demi-diamètre de notre étoile? Je comprends que le mot «rayon» ne s'applique pas qu'aux objets circulaires: un rayon laser existe sans cercle ni sphère. Mais accolé au mot «soleil», c'est un peu contradictoire ou trompeur, je trouve. Ou bien on considère que le rayon «de soleil» émane du Soleil, par l'usage de la préposition «de». Alors comment désigner un rayon de l'étoile? Un rayon solaire? Je soupire doucement devant ces questions, qui vont rester sans réponse jusqu'à mon retour à la maison. J'aime bien avoir des interrogations, en suspens dans ma tête. J'y suis habituée: depuis mon enfance j'aime comprendre, interroger, remettre en cause, émettre des conjectures et essayer d'en éliminer, confronter mes modèles mentaux (souvent hautement fantaisistes) à l'expérience et à la logique. C'est sans doute ce qui m'a amenée aux mathématiques: j'aime la langue française, les langues étrangères, les arts, les sciences sociales, les sciences ou la philosophie. Mais entrer dans les mathématiques me permet d'irriguer tous ces champs de culture, car elles sont partout en même temps, et me donnent des clefs de compréhension. C'est véritablement dramatique de se priver des mathématiques. C'est comme refuser le bonheur des mots ou de l'art.

Ce matin, le ciel est couvert. Pas menaçant, mais une immense couverture y forme des plis duveteux. La lumière du Soleil la traverse et nous arrive atténuée: juste de quoi réchauffer sans agresser. Il est très tôt: les oiseaux ont décidé, au petit matin, d'improviser un concert enthousiaste, et leurs chants ont abrégé mon sommeil. Je consulte les horaires de marée. Dans un peu plus d'une heure, la mer sera tout à fait basse. C'est le moment de sortir les bottes et d'aller arpenter les roches qui affleurent près des falaises. Enfant, j'y ramassais des coquillages, j'y attrapais des crevettes. Aujourd'hui, j'ai juste envie de rendre visite à toute cette population de discrètes bestioles.

Je fouille l'abri de jardin pour trouver de quoi rester au sec. L'opération est délicate, mais je finis par chausser mes bottes bleues à bandes blanches. J'enfonce sur ma tête un chapeau à larges bords pour éviter l'insolation, même si le Soleil est clément. Allez hop, c'est parti! Je descends rapidement jusqu'à la plage. Je longe la promenade vers la gauche. J'aperçois des silhouettes: des pêcheurs à pied de tous âges sont déjà là. J'arrive sur l'estran. Je m'accroupis, je soulève des pierres que je remettrai soigneusement en place. J'agite ma main dans les creux remplis d'eau pour voir les crevettes frétiller. Je ne ramasse rien, mais je suis attentive. Les palourdes ont une forme assez incroyable. Topologiquement, elle doit être intéressante à étudier: celles que je trouve sont bombées, mais je n'arrive pas à évoquer une fonction dont la courbe représentative suivrait cette courbure. Elles sont symétriques par rapport au plan porté par leur ouverture. Leur surface est striée, comme gravée de lignes parallèles qui dessinent un repère orthogonal quadrillé, dans une géométrie non euclidienne. La structure géométrique des coques est plus simple, mais elles sont dentelées et assez monochromes. Les bigorneaux ne sont pas plus euclidiens, mais plus subtils: sous une certaine perspective, les stries sur leur coquille forment un repère non orthogonal, mais sous une autre, ce qu'on percevait comme des lignes droites s'avère être des courbes. On peut les croire circulaires, mais non: c'est une savante spirale qui se dessine. Les couleurs différentes, calées entre les lignes, parfois nacrées, en font de petits chefs-d'œuvre uniques.

J'aperçois, un peu plus loin sur le sable, des pêcheurs de couteaux. En voilà, des coquillages bien différents des autres: bien que bombés eux aussi, leur profil se rapproche du rectangle. Toutes ces formes, ces lignes, ces dessins me fascinent. Tiens, une étrille passe dans un trou d'eau, car un enfant vient de soulever un gros caillou. Il la laisse filer, volontairement. Lui aussi est là pour profiter du spectacle de l'estran, je crois.

Le Soleil commence à vaincre les nuages. Il est temps pour moi de remonter vers mon jardin et de profiter différemment du reste de la journée.

◐ Richesse géométrique sur la plage.

Tana
éditions

TANA S'ENGAGE
pour préserver l'environnement

- Impression en France sous le label Imprim'Vert®
- Papier issu de forêts gérées durablement
- Fabrication en circuit court
- Encres certifiées d'origine végétale
- Papier blanchi sans chlore ni dérivé de chlore
- Pelliculage des couvertures sans plastique

Merci à Pierrick, à nos enfants et à mes parents pour leur indéfectible soutien, et pour être là, simplement.

92, avenue de France
75013 Paris – France
tanaeditions@gmail.com

Direction éditoriale: Olivia Recasens
Édition: Émeline Martin, assistée de Cléo Chevallier
Correction: Valérie Tougard (Agence littéraire Paludes)
Conception graphique intérieure et couverture: Léo Quetglas
Fabrication: Camille Friquet

Dépôt légal: octobre 2024
ISBN: 979-10-301-0526-1
Imprimé en France en août 2024 par Pollina

Rejoignez-nous sur:
www.tana.fr